高职高专计算机任务驱动模式教材

网 络 综 合 布 线

赵 刚 主 编

郝阜平 王公儒 于 琴 副主编

清华大学出版社
北京

内 容 简 介

本书采用项目化形式,分别介绍了认识综合布线系统、认识综合布线器材、设计综合布线系统、综合布线工程施工安装技术、光缆施工、测试综合布线链路、综合布线工程管理内容,并结合工程实践,引入了工程案例及工程项目管理内容。本书注重职业能力和职业素质的培养。考虑到技能实训的需要,在实训环节上本书选择了现在很多学校都在采用的工程实训装置,有利于开展技能实训。

本书适用于作为计算机网络技术、计算机通信技术及计算机应用等专业的高等职业院校相关课程的教材,也可作为布线工程技术人员的学习参考用书。

图书在版编目(CIP)数据

网络综合布线/赵刚主编.--北京:清华大学出版社,2014(2021.8重印)

高职高专计算机任务驱动模式教材

ISBN 978-7-302-36585-3

Ⅰ. ①网…   Ⅱ. ①赵…   Ⅲ. ①计算机网络－布线－高等职业教育－教材   Ⅳ. ①TP393.03

中国版本图书馆 CIP 数据核字(2014)第 112075 号

责任编辑:张龙卿
封面设计:徐日强
责任校对:袁 芳
责任印制:刘海龙

出版发行:清华大学出版社
      网　　　址:http://www.tup.com.cn,http://www.wqbook.com
      地　　　址:北京清华大学学研大厦 A 座　　　邮　　编:100084
      社 总 机:010-62770175　　　邮　　购:010-62786544
      投稿与读者服务:010-62776969,c-service@tup.tsinghua.edu.cn
      质量反馈:010-62772015,zhiliang@tup.tsinghua.edu.cn
      课件下载:http://www.tup.com.cn,010-62795764
印 装 者:三河市龙大印装有限公司
经　　销:全国新华书店
开　　本:185mm×260mm　　印　张:14.75　　字　数:356 千字
版　　次:2014 年 8 月第 1 版　　印　次:2021 年 8 月第 4 次印刷
定　　价:49.00 元

产品编号:057787-02

出版说明

　　我国高职高专教育经过十几年的发展,已经转向深度教学改革阶段。教育部于 2006 年 12 月发布了教高[2006]第 16 号文件《关于全面提高高等职业教育教学质量的若干意见》,大力推行工学结合,突出实践能力培养,全面提高高职高专教学质量。

　　清华大学出版社作为国内大学出版社的领跑者,为了进一步推动高职高专计算机专业教材的建设工作,适应高职高专院校计算机类人才培养的发展趋势,根据教高[2006]第 16 号文件的精神,2007 年秋季开始了切合新一轮教学改革的教材建设工作。该系列教材一经推出,就得到了很多高职院校的认可和选用,其中部分书籍的销售量都超过了 3 万册。现重新组织优秀作者对部分图书进行改版,并增加了一些新的图书品种。

　　目前国内高职高专院校计算机网络与软件专业的教材品种繁多,但符合国家计算机网络与软件技术专业领域技能型紧缺人才培养培训方案,并符合企业的实际需要,能够自成体系的教材还不多。

　　我们组织国内对计算机网络和软件人才培养模式有研究并且有过一段实践经验的高职高专院校,进行了较长时间的研讨和调研,遴选出一批富有工程实践经验和教学经验的双师型教师,合力编写了这套适用于高职高专计算机网络、软件专业的教材。

　　本套教材的编写方法是以任务驱动、案例教学为核心,以项目开发为主线。我们研究分析了国内外先进职业教育的培训模式、教学方法和教材特色,消化吸收优秀的经验和成果。以培养技术应用型人才为目标,以企业对人才的需要为依据,把软件工程和项目管理的思想完全融入教材体系,将基本技能培养和主流技术相结合,课程设置中重点突出、主辅分明、结构合理、衔接紧凑。教材侧重培养学生的实战操作能力,学、思、练相结合,旨在通过项目实践,增强学生的职业能力,使知识从书本中释放并转化为专业技能。

一、教材编写思想

　　本套教材以案例为中心,以技能培养为目标,围绕开发项目所用到的知识点进行讲解,对某些知识点附上相关的例题,以帮助读者理解,进而将知识转变为技能。

考虑到是以"项目设计"为核心组织教学,所以在每一学期配有相应的实训课程及项目开发手册,要求学生在教师的指导下,能整合本学期所学的知识内容,相互协作,综合应用该学期的知识进行项目开发。同时,在教材中采用了大量的案例,这些案例紧密地结合教材中的各个知识点,循序渐进,由浅入深,在整体上体现了内容主导、实例解析、以点带面的模式,配合课程后期以项目设计贯穿教学内容的教学模式。

软件开发技术具有种类繁多、更新速度快的特点。本套教材在介绍软件开发主流技术的同时,帮助学生建立软件相关技术的横向及纵向的关系,培养学生综合应用所学知识的能力。

二、丛书特色

本系列教材体现目前工学结合的教改思想,充分结合教改现状,突出项目面向教学和任务驱动模式教学改革成果,打造立体化精品教材。

(1)参照和吸纳国内外优秀计算机网络、软件专业教材的编写思想,采用本土化的实际项目或者任务,以保证其有更强的实用性,并与理论内容有很强的关联性。

(2)准确把握高职高专软件专业人才的培养目标和特点。

(3)充分调查研究国内软件企业,确定了基于Java和.NET的两个主流技术路线,再将其组合成相应的课程链。

(4)教材通过一个个的教学任务或者教学项目,在做中学,在学中做,以及边学边做,重点突出技能培养。在突出技能培养的同时,还介绍解决思路和方法,培养学生未来在就业岗位上的终身学习能力。

(5)借鉴或采用项目驱动的教学方法和考核制度,突出计算机网络、软件人才培训的先进性、工具性、实践性和应用性。

(6)以案例为中心,以能力培养为目标,并以实际工作的例子引入概念,符合学生的认知规律。语言简洁明了、清晰易懂,更具人性化。

(7)符合国家计算机网络、软件人才的培养目标;采用引入知识点、讲述知识点、强化知识点、应用知识点、综合知识点的模式,由浅入深地展开对技术内容的讲述。

(8)为了便于教师授课和学生学习,清华大学出版社正在建设本套教材的教学服务资源。在清华大学出版社网站(www.tup.com.cn)免费提供教材的电子课件、案例库等资源。

高职高专教育正处于新一轮教学深度改革时期,从专业设置、课程体系建设到教材建设,依然是新课题。希望各高职高专院校在教学实践中积极提出意见和建议,并及时反馈给我们。清华大学出版社将对已出版的教材不断地修订、完善,提高教材质量,完善教材服务体系,为我国的高职高专教育继续出版优秀的高质量的教材。

清华大学出版社
高职高专计算机任务驱动模式教材编审委员会
2014 年 3 月

前 言

近年来,随着网络通信技术和智能建筑技术的发展,综合布线技术得到了广泛而且深入的应用。市场对综合布线系统设计、工程实施管理、工程监理及通信线路维护的技术人员需求量较大。

本书是针对网络综合布线技术岗位工作任务与职业能力,围绕"综合布线系统设计"、"综合布线系统安装与实施"两大工作任务编写的项目化教材。内容包括:网络综合布线工程中的基本概念、规范,布线工程中传输介质和器材、工具的使用,布线系统的施工工艺、施工图纸的绘制,布线系统的测试、验收等。本书采用项目化结构形式,引入工程案例及工程项目管理的内容,并结合工程实践,注重对学生职业能力和职业素质的培养。

本书针对综合布线系统技术岗位的任职要求,按照综合布线系统设计与实施的工作过程和内容来组织和提炼教学内容,课程分为如下几个模块:认识综合布线系统、认识综合布线器材、设计综合布线系统、综合布线工程施工安装技术、光缆施工、测试综合布线链路、综合布线工程管理等。本书首先介绍了综合布线的系统构成、综合布线常用材料及性能、综合布线系统设计和验收规范(GB 50311—2007 及 GB 50312—2007)等。在技能方面,要求学生掌握综合布线设计中的用户需求调研、系统结构图的设计、平面图设计、材料用量的计算及材料清单的编制等内容。在综合布线工程施工部分,主要培养学生能正确理解施工图纸,并按照施工规范进行管道的安装、线缆的敷设、配线间设备的安装,同时具备施工流程的组织安排及工程管理能力。在实训安排上,按照工程项目的组织模式和管理模式来运作,使学生掌握工程项目实施过程和管理结构,并培养岗位适应能力。在链路测试项目部分,知识方面要求学生掌握电缆链路测试的各项电气指标的含义,以及电缆及光缆链路的测试模型和测试方法;技能方面要求学生能使用随工测试仪器和认证测试仪器,依据设计标准,对布线工程进行测试,并对测试数据进行分析及故障定位,还要能编制测试报告。在综合布线工程管理部分,要求学生掌握工程招投标形式、工程现场管理组织结构、验收程序和内容,能绘制相关的图纸与表格,并能编写完整的竣工报告。

在综合布线工程领域有"标准就是一切"的说法,所以本书在系统设计、施工、测试及验收各个项目中,始终贯穿着对标准的学习,同时注重培养学生对标准及规范的理解和应用的能力。对应课程的实践教学,要根据校内外可供实训的资源情况,采取模拟工程项目(校内实训室)和承担真实网络工程(工程现场)相结合的教学策略,并根据工程实施情况,灵活设计教学过程。在项目工程实践教学中除对学生进行专业技能训练外,还要注重培养学生的组织、沟通、协作等职业能力和职业素质。

本书由杭州职业技术学院赵刚主编,郝阜平、王公儒、于琴任副主编,富众杰、郑亮亮、刘中原参编了部分章节内容。在本书的编写过程中,得到了西安开元公司和杭州职业技术学院信息电子系领导及同事的大力支持和帮助,在此一并表示感谢。

由于编者水平有限,不足之处在所难免,请读者指正。

编 者

2014 年 5 月

目　录

项目 1　认识综合布线系统

综合布线系统是网络信息传输的基础设施,是智能建筑必不可少的信号传输系统,它连接着智能建筑的各种应用系统,使得智能建筑可以对各种应用系统进行集中管理和控制。通过本项目的学习,可以帮助大家了解智能建筑的定义、组成,以及综合布线在智能建筑中的作用,并认识综合布线系统的结构。

一、教学目标

【知识目标】

1. 了解智能建筑的定义。
2. 掌握智能建筑的组成。
3. 了解智能建筑与综合布线的关系。
4. 掌握综合布线的系统组成。

【技能目标】

1. 能描述智能建筑的主要功能。
2. 能描述综合布线在智能建筑中的作用。
3. 能描述综合布线七个子系统。
4. 能画出综合布线系统结构示意图。

二、工作任务

1. 调研智能建筑并了解其功能。
2. 调研综合布线系统在智能建筑中的作用。
3. 初步认识综合布线系统的构成。
4. 调研综合布线系统常见的结构形式。

模块 1　了解综合布线系统

一、教学目标

【知识目标】

1. 了解智能建筑的产生过程。
2. 了解智能建筑的定义。
3. 掌握智能建筑的组成。
4. 了解智能建筑与综合布线的关系。

【技能目标】
1. 能描述智能建筑的主要功能。
2. 能描述综合布线系统在智能建筑中的作用。
3. 能描述综合布线系统的优点。

二、工作任务

1. 调研智能建筑并了解其功能。
2. 调研综合布线系统在智能建筑中的作用。

三、相关知识点

（一）智能建筑的基本概念

智能建筑(Intelligent Building,IB)是信息时代的必然产物,是建筑技术与信息技术相结合的产物。通过将建筑物的结构、设备、服务和管理根据用户的需求进行最优化组合,从而为用户提供一个高效、舒适、便利的人性化建筑环境。其技术基础主要由现代建筑技术、现代计算机技术、现代通信技术和现代控制技术所组成。随着科学技术的发展,建筑智能化的水平也在不断提高。

1. 智能建筑的产生过程

智能建筑的概念在 20 世纪末首先出现于美国。1984 年,美国联合技术公司(UTC)在美国康涅狄格州哈特福德(Hartford)市对一座金融大厦进行改建,改建后的大厦称为都市大厦,这幢大厦内添置了计算机、数字程控交换机等先进的办公设备以及高速通信等基础设施,大楼的客户不必购置设备便可获得语音通信、文字处理、电子邮件收发、情报资料检索等服务。此外,大楼内的给排水、消防、保安、供配电、照明、交通等系统均由计算机控制,实现了自动化综合管理,使用户感到更加舒适、方便和安全,这引起了世人对智能大厦的关注。"智能大厦"这一名词从此出现。随后,智能大厦在欧美、日本等世界各国蓬勃发展,先后出现了一批智能化程度不同的智能大厦。

20 世纪 90 年代初期,我国随着改革开放的深入,国民经济持续发展,人们对工作和生活环境的要求也在不断提高,一个安全、高效和舒适的工作和生活环境已成为人们的迫切需要,于是我国的智能建筑开始起步,并得到迅速发展。

2. 智能建筑的概念

2007 年 7 月 1 日起实施的国家标准《智能建筑设计标准》(GB/T 50314—2006),对智能建筑的定义为:以建筑物为平台,兼备信息设施系统、信息化应用系统、建筑设备管理系统、公共安全系统等,集结构、系统、服务、管理及其优化组合为一体,向人们提供安全、高效、便捷、节能、环保、健康的建筑环境。它包括信息设施系统、信息化应用系统、建筑设备管理系统、公共安全系统和机房工程。

智能建筑工程是多学科跨行业的系统工程,一般可以理解为智能建筑的功能是在建筑物内综合计算机、信息通信等方面的先进技术,通过智能化控制,实现对建筑内的供配电、空调、消防、安保、给排水、照明、通信等多项服务的集中控制,从而使建筑更易于管理,也大大地提高了大厦的使用效率。

3. 智能大厦的组成和功能

现代建筑物无论规模大小,都有建筑智能化的几个或多个子系统,如图 1-1 所示。一座智能建筑除了有一般建筑的电力供应、给排水、空气调节、采暖、通风等设施外,还应具有较好的信息处理及自动控制能力。

图 1-1　现代建筑物

通常智能建筑主要由三大系统组成:建筑物自动化系统(Building Automation System, BAS)、办公自动化系统(Office Automation System, OAS)、通信自动化系统(Communication Automation System, CAS),如图 1-2 所示。

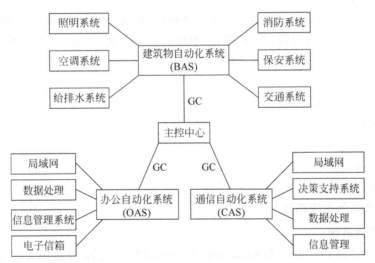

图 1-2　建筑物的各种智能系统示意图

(1) 建筑物自动化系统(BAS)

建筑物自动化系统是利用现代自动化技术对建筑物内的环境及设备运转状况进行监控和管理,从而使大厦达到安全、舒适、高效、便利和灵活的目标,具体包括空调控制、照明控制、给排水控制、电力控制、消防、保安、交通、电梯管理、停车场管理、背景音乐控制等。

BAS 系统可以连续不断地监控大厦内的各种机电设备,自动采集信息,自动加以控制处理。因此,使用 BAS 系统后,有如下的优点。

- 对设备进行集中监控和管理,省时省力,提高服务和管理水平。

- 可建立完整的设备运行档案,加强设备管理,确保大厦内设备的运行安全。
- 可实时监测电力用量、优化开关运行等多种能量监管,节约能源,提高经济效益。

（2）办公自动化系统（OAS）

办公自动化系统是把计算机技术、通信技术、系统科学及行为科学,应用于传统的数据处理技术所难以处理的、数量庞大且结构不明确的业务上。

从办公自动化系统的业务性质来看,主要有以下三项任务。

- 数据处理

办公过程中的大量烦琐事务,如发通知、打印文件等可以交给计算机设备来完成,以达到提高工作效率、节省人力的目的。

- 信息管理系统

信息管理系统主要对信息流进行控制管理,一般是各种独立的信息经过信息交换和资源共享等方式相互联系而得到准确、快捷、优质的服务效果。其基本功能有文档资料管理、收发电子邮件和电子数据交换等。

- 决策支持系统

先进的办公自动化可以根据预定目标提供辅助决策功能,从低级到高级（或从中层到上层）逐步建立领导办公服务支持决策系统,在整个决策过程中从提出问题开始,参与收集信息、拟订方案、分析研究、评价选定等一系列的活动。

（3）通信自动化系统（CAS）

通信自动化系统能高速进行智能大厦内各种图像、文字、语音及数据之间的传输,包括卫星通信、可视图文、会议电视、传真、电话、数据通信等信息,为用户提供各种通信手段。

通信自动化系统一般包含以下系统。

- 程控电话系统;
- 计算机网络系统;
- 电视会议系统;
- 数字电视系统;
- 可视图文系统;
- 卫星通信系统。

（二）认识综合布线系统

1. 综合布线系统

综合布线系统（Premises Distribution System, PDS）也称为通用布线系统（Generic Cabling System, GCS）或结构化布线系统（Structure Cabling System, SCS）,是智能建筑非常重要的组成部分,它是智能建筑信息传输的通道,为其他子系统的构建提供了灵活、可靠的通信基础。

综合布线系统是由线缆及相关连接硬件组成的信息传输通道,以模块化的组合方式,把语音、数据、图像和部分控制信号系统用统一的传输媒介进行传输。经过统一的规划设计,综合在一套标准的布线系统中,将现代建筑的三大子系统有机地连接起来,为现代建筑的系统集成提供了物理介质。可以说综合布线系统的成功与否直接关系到智能建筑的成败。

传统的布线,如电话线缆、有线电视线缆、计算机网络线缆等,都是由不同的单位各自设计和安装,采用不同的线缆及终端插座,各个系统互相独立。由于各个系统的终端插座、终端插头、配线架等设备都无法兼容,所以当设备需要移动或随着新技术的发展而需要更换设备时,就必须重新布线。这样既增加了资金的投入,也使得建筑物内线缆杂乱无章,增加了管理和维护的难度。

随着全球社会的信息化与经济国际化的深入发展,人们对信息共享的需求日趋迫切,急需一个适合信息时代的布线方案。美国朗讯科技(原 AT&T)公司贝尔实验室的科学家们经过多年的研究,在该公司的办公楼和工厂试验成功的基础上,于 20 世纪 80 年代末期在美国率先推出了结构化布线系统(SCS),其代表产品是 SYSTIMAX PDS(建筑与建筑群综合布线系统)。

我国在 20 世纪 80 年代也开始引入综合布线系统,但由于经济发展有限,综合布线系统发展缓慢。20 世纪 90 年代中后期,随着经济飞速发展,综合布线系统发展迅速。目前现代化建筑中广泛采用综合布线系统。综合布线系统也已成为现代建筑工程中的热门课题,也是建筑工程和通信工程设计及安装施工中相互结合的一项十分重要的内容。

2. 综合布线系统的特点

与传统布线技术相比,综合布线系统具有以下六个特点。

(1)兼容性

旧式的建筑物中都提供了电话、电力、闭路电视等服务,采用传统的专业布线方式,每项应用服务都要使用不同的电缆及开关插座。例如,电话系统采用一般的对绞线电缆,闭路电视系统采用专用的视频电缆,计算机网络系统采用双绞线电缆。各个应用系统的电缆规格差异很大,彼此不能兼容,因此只能各个系统独立安装,布线混乱无序,直接影响建筑物的美观和使用。

综合布线系统具有综合所有系统和互相兼容的特点,采用双绞线、光缆等高质量的布线材料和接续设备,能满足不同生产厂家终端设备的需要,使语音、数据和视频信号均能高质量地传输。

(2)开放性

开放性是指综合布线系统采用开放式体系结构,符合多种国际上现行的标准,几乎对所有著名厂商的产品都是开放的,如 IBM、HP、DELL 等计算机设备,Cisco、H3C、华为等交换机设备,并对所有通信协议也是支持的,如 Ethernet、FDDI、ISDN、ATM 等。无论什么样的网络类型和设备,都可以在综合布线系统中良好地运行。

(3)灵活性

传统的布线系统的体系结构是固定的,不考虑设备的搬迁或增加,因此设备搬移或增加后就必须重新布线,耗时费力。综合布线采用标准的传输线缆和相关连接硬件,模块化设计,所有的通道都是通用性的。

(4)可靠性

传统布线方式是各个系统独立安装,不考虑互相兼容,往往因为各应用系统布线不当会造成交叉干扰,无法保障各应用系统的信号高质量传输。综合布线采用高品质的材料和组合压接的方式构成一套高标准的信息传输通道。所有线缆和相关连接器件均通过 ISO 认证,每条通道都要经过专业测试仪器严格测试链路阻抗及衰减,以保证其电气性能。

（5）先进性

综合布线系统采用光纤与双绞线电缆混合布线方式,合理地组成了一套完整的布线体系。所有布线均采用世界上最新通信标准,链路均按八芯双绞线配置。6 类双绞线电缆引到桌面,可以满足 1000Mbps 数据传输的需求,还可以将光纤引到桌面,实现高速数据传输的应用需求。

（6）经济性

综合布线与传统的布线方式相比,它是一种既具有良好的初期投资特性,又具有很高的性价比的高科技产品。综合布线系统可以兼容各种应用系统,又考虑了建筑内设备的变更及科学技术的发展,因此可以确保大厦建成后的较长一段时间内满足用户应用不断增长的需求,节省了重新布线的额外投资。

四、实践操作

调研自己身边的教学楼或办公楼,了解智能建筑的功能及组成,检查大楼内的网络系统及综合布线系统结构。

模块 2　认识综合布线系统结构

一、教学目标

【知识目标】

1. 掌握综合布线系统结构。
2. 掌握综合布线各子系统组成。
3. 了解综合布线系统常见的几种结构形式。

【技能目标】

1. 能描述综合布线各子系统的组成。
2. 能描述常见的几种综合布线系统拓扑结构。
3. 能根据建筑物特点初步规划综合布线系统结构。

二、工作任务

1. 检查智能建筑综合布线的各子系统。
2. 描述智能建筑综合布线系统结构,并用绘图软件画出系统结构图。

三、相关知识点

1. 综合布线系统构成

综合布线系统为开放式网络拓扑结构,应能支持语音、数据、图像、多媒体业务等信息的传递。依照 2007 年 10 月 1 日起实施的国家标准《综合布线系统工程设计规范》(GB 50311—2007)中,将综合布线系统划分为七个子系统,结构如图 1-3 所示。

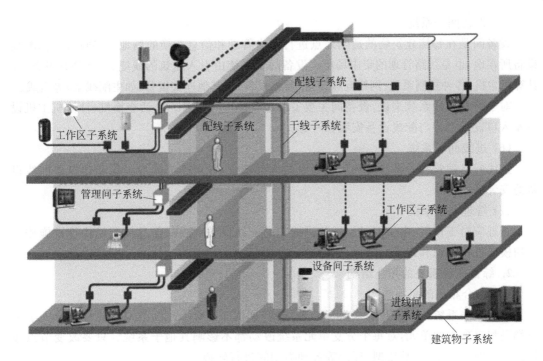

图 1-3 综合布线子系统模型

（1）工作区子系统

工作区是指包括办公室、写字间、作业间、机房等需要电话、计算机或其他终端设备（如网络打印机、网络摄像头等）的区域。

工作区子系统提供计算机或终端设备与信息插座之间的连接，包括从信息插座延伸到终端设备的跳线、连接器或适配器等。工作区子系统的布线一般是非永久性的，用户根据工作需要可以随时移动、增加或减少，既便于连接，也易于管理。

（2）配线子系统

配线子系统又称水平子系统，是连接工作区子系统与干线子系统的部分，其一端连接在信息插座，另一端连接在楼层配线间的配线架上。

配线子系统应由工作区的信息插座模块、信息插座模块至电信间配线设备（FD）的配线电缆和光缆、电信间的配线设备及设备缆线和跳线等组成。

（3）干线子系统

干线子系统又称垂直子系统，是建筑物内综合布线系统的主干部分，是指从建筑物配线架（BD）至楼层配线架（FD）之间的线缆及配线设备组成。主干线缆一般安装在弱电井中，两端分别敷设到设备间子系统或管理子系统，提供各楼层电信间、设备间和引入设施之间的互联，实现建筑物配线架到楼层配线架的连接。

（4）建筑物子系统

建筑物子系统是将两个以上建筑物间的通信信号连接在一起的布线系统，其两端分别安装在设备间子系统的接续设备上，可以实现大面积地区建筑物之间的通信连接。

建筑物子系统应由连接多个建筑物之间的主干电缆和光缆、建筑群配线设备（CD）及设备缆线和跳线组成。

（5）设备间子系统

设备间是在每幢建筑物的适当地点进行网络管理和信息交换的场地，是通信设施、配线设备所在地，也是线路管理的集中场所。设备间子系统由引入建筑的线缆、各种公共设备（如计算机主机、各种控制系统、网络互联设备、监控设备）和其他连接设备（如主配线架）等组成。

对于综合布线系统来说，设备间主要安装建筑物配线设备。电话交换机、计算机主机设备及入口设施也可与配线设备安装在一起。

（6）进线间子系统

进线间是建筑物外部通信和信息管线的入口部位，并可作为入口设施和建筑群配线设备的安装场地。

（7）管理间子系统

管理应对工作区、电信间、设备间、进线间的配线设备、缆线、信息插座模块等设施按一定的模式进行标识和记录。

2. 综合布线系统的拓扑结构

（1）综合布线的拓扑结构

综合布线系统应采用开放式星形拓扑结构，如图 1-4 所示。该结构下的每个分支子系统都是相对独立的单元，对每个分支单元系统改动都不影响其他子系统。只要改变节点连接就可使网络在星形、总线型、环形等各种类型间进行转换。

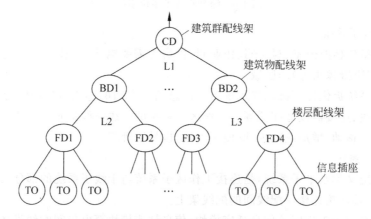

图 1-4　综合布线星形结构图

（2）综合布线系统基本构成

综合布线系统的基本构成如图 1-5 所示。

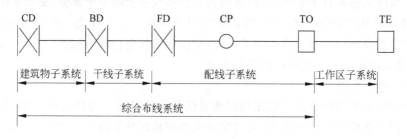

图 1-5　综合布线系统基本构成

注：配线子系统中可以设置集合点（CP 点），也可不设置集合点，TO 为终端接口，TE 为终端设备。

（3）综合布线典型结构

综合布线结构要根据建筑物结构特点、信息点数量及分布、传输线缆类型等因素综合考虑。综合布线配线设备的布置与线缆连接的典型结构有以下几种。

建筑物标准 BD-FD 结构,如图 1-6 所示。这种结构是一个大楼内部综合布线系统的基本形式,以建筑物配线架(BD)为中心,配置若干个楼层配线架(FD)。各个楼层的信息点(TO)连接至楼层配线架。

建筑物共用楼层配线间的 BD-FD 结构,如图 1-7 所示。这种结构主要用在如下情况下：大楼内信息点不多,为了减少配线设备和便于维护管理,可以采用相邻几个楼层共用一个楼层配线架(FD)的方式。在有些大楼没有楼层配线间的情况下,可以采用楼层配线架(FD)与建筑物配线架(BD)全部设置在建筑物的设备间内。采用这种配置方式,要满足 TO 至 FD 之间的水平线缆的最大长度不应超过 90m 的传输长度要求。

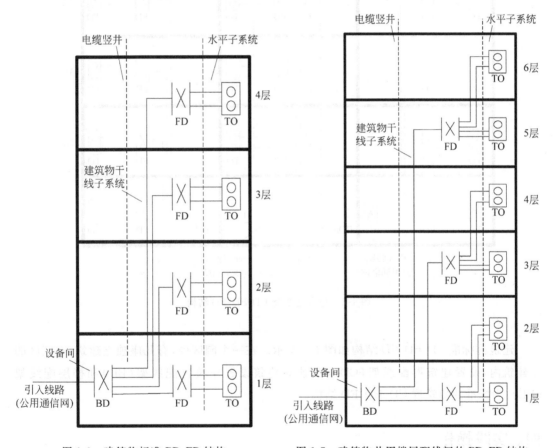

图 1-6　建筑物标准 BD-FD 结构　　　图 1-7　建筑物共用楼层配线间的 BD-FD 结构

综合建筑物 CD-BD-FD 结构如图 1-8 所示。当建筑物是主楼加附楼结构时,楼层面积较大,用户信息点数量较多时,可将整座建筑物进行分区,各个分区可以看作独立建筑,整座建筑就是一个建筑群结构。在建筑的中心位置设置建筑群配线架(CD),在各个分区的适当位置设置建筑物配线架(BD)。

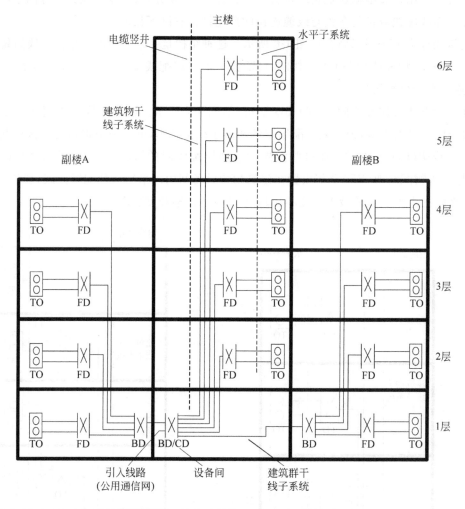

图 1-8   综合建筑物 CD-BD-FD 结构

建筑群标准 CD-BD-FD 结构如图 1-9 所示。在一个园区内,有几座独立建筑,在园区的主建筑内,设置建筑群配线架(CD),各独立建筑设置建筑物配线架(BD)和楼层配线架(FD),为标准的建筑群 CD-BD-FD 结构。

四、实践操作

1. 结合本模块所学内容,考察你身边建筑物的综合布线系统,了解各子系统构成。

2. 用 Visio 软件,绘制几种常见的综合布线系统拓扑结构。

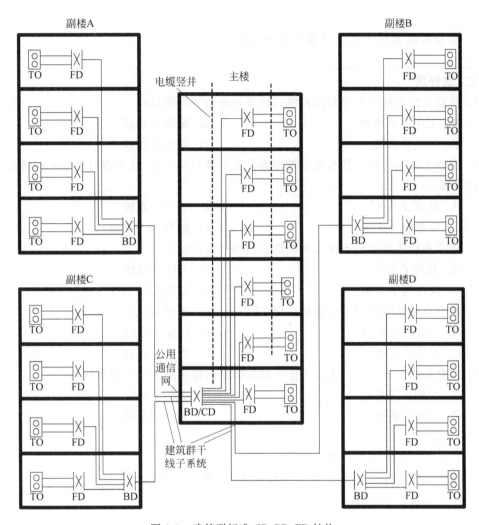

图 1-9 建筑群标准 CD-BD-FD 结构

【项目小结】

综合布线系统是智能建筑的基础设施,是各种信息传输的通道,它以一套单一的配线系统,综合了通信网络、信息网络及控制网络,可以使相互间的信号实现互联互通,使得智能大厦可以对各种应用系统进行集中管理和控制。综合布线与传统布线方式相比,具有更好的先进性、兼容性、开放性、灵活性、可靠性、经济性。综合布线系统由工作区子系统、配线(水平)子系统、干线(垂直)子系统、建筑群子系统、设备间子系统、进线间子系统、管理子系统七个子系统构成。

【复习思考题】

一、填空题

1. 智能建筑由_____、_____、_____三大系统组成。

2. 综合布线系统具有先进性、开放性、兼容性、可靠性、_____、_____六个方面的

11

特点。

3．综合布线系统由七个子系统组成，即为_____、_____、_____、_____、
_____、_____、_____。

二、选择题

1．综合布线系统中直接与用户终端设备相连的子系统是（　　）。

    A．工作区子系统　　　　　　　　　　B．配线子系统

    C．干线子系统　　　　　　　　　　　D．管理子系统

2．综合布线系统中安装有线路管理器件及各种公共设备，以实现对整个系统的集中管理的区域属于（　　）。

    A．管理子系统　　　　　　　　　　　B．干线子系统

    C．设备间子系统　　　　　　　　　　D．建筑物子系统

3．综合布线系统中用于连接两幢建筑物的子系统是（　　）。

    A．管理子系统　　　　　　　　　　　B．干线子系统

    C．设备间子系统　　　　　　　　　　D．建筑物子系统

4．综合布线系统中用于连接楼层配线间和设备间的子系统是（　　）。

    A．工作区子系统　　　　　　　　　　B．配线子系统

    C．干线子系统　　　　　　　　　　　D．管理子系统

5．综合布线系统中用于连接工作区信息插座与楼层配线间的子系统是（　　）。

    A．工作区子系统　　　　　　　　　　B．水平子系统

    C．干线子系统　　　　　　　　　　　D．管理子系统

三、简答题

1．智能大厦通常由哪几部分组成？

2．与传统的布线技术相比，综合布线系统具备哪些特点？

项目 2　认识综合布线器材

　　各种传输介质和相关连接件是综合布线系统的基础,布线系统中传输介质和相关连接硬件选择的正确与否、质量的好坏和设计得是否合理,直接关系到布线系统的可靠性和稳定性。本项目主要介绍网络综合布线系统中常用的有线传输介质及主要连接器件、各种布线工具及辅助材料。通过本项目的学习,可以了解和掌握各种有线传输介质的特性,了解和掌握各种不同的布线工具和相关辅材的功能和作用,以便能在布线系统的设计过程中,根据需要,科学、合理地选择不同类型的有线传输介质和相关硬件。

一、教学目标

【知识目标】

1. 熟悉双绞线及连接件的种类与用途。
2. 熟悉光缆及连接件的种类与用途。
3. 了解综合布线产品市场。

【技能目标】

1. 会通过多种途径获取综合布线技术与产品信息。
2. 能正确识别并选择合适的双绞线及连接件。
3. 能正确识别并选择合适的光缆及连接件。
4. 会根据任务需要选用正确的布线辅助材料和布线工具。

二、工作任务

1. 选用正确的双绞线类型及连接器件。
2. 选用正确的光缆类型及连接器件。
3. 根据应用场合选择合适的布线辅助材料。
4. 根据任务需求选用合适的布线工具。

模块 1　认识综合布线传输线缆

一、教学目标

【知识目标】

1. 熟悉双绞线种类与用途。
2. 熟悉光缆的种类与用途。

【技能目标】

1. 会通过多种途径获取综合布线技术与产品信息。
2. 能正确识别并选择合适的双绞线。
3. 能正确识别并选择合适的光缆。

二、工作任务

1. 选用正确的双绞线类型。
2. 选用正确的光缆类型。

三、相关知识点

目前,综合布线使用的线缆主要有两类:铜缆和光缆。铜缆主要有双绞电缆(Twisted Pair Cable)和同轴电缆(Coaxial Cable)。网络综合布线常用的电缆为双绞线,双绞线又分为非屏蔽双绞线(UTP)和屏蔽双绞线(STP)。

(一)双绞线

1. 双绞线概述

双绞线是局域网布线中最常用到的一种传输介质,尤其在星形网络拓扑结构中,双绞线是必不可少的布线材料。双绞线由两根具有绝缘保护层的铜导线组成。把两根绝缘的铜导线按一定密度互相绞在一起,可降低信号干扰的程度,每一根导线在传输中辐射出来的电磁波会被另一根线上发出的电磁波抵消。双绞线一般由两根 23AWD、24AWD 或 26AWD 绝缘铜导线相互缠绕而成。如果把一对或多对双绞线放在一个绝缘套管中便成了双绞线电缆。双绞线电缆中封装着一对或一对以上的双绞线,每根铜导线的绝缘层上分别涂有不同的颜色,以示区别。在一对电线中,每米的缠绕越多,对所有形式的噪声的抗噪性就越好。缠绕率也将导致更大的衰减,为最优化性能,电缆生产厂商必须在串扰和衰减减小之间取得一个平衡。

双绞线既可以传输模拟信号,又能传输数字信号。用双绞线传输数字信号时,其数据传输率与电缆的长度有关。距离短时,数据传输率可以高一些。

对于双绞线的定义有两个主要来源。一个是 EIA(电子工业联盟)的 TIA(电信工业协会),即通常所说的 EIA/TIA;另一个是 IBM 公司,EIA 负责 CAT(即 Category)系列非屏蔽双绞线(Unshielded Twisted Pair,UTP)标准。IBM 负责 Type 系列屏蔽双绞线标准,如 IBM:Type1、Type2 等。严格地说,电缆标准本身并未规定连接双绞线电缆的连接器类型,然而 EIA 和 IBM 都定义了双绞线的专用连接器。对于 CAT3、CAT4、CAT5 和 CAT6 来说,使用 RJ-45(4 对 8 芯),遵循 EIA/TIA-568 标准;而对于 Type 电缆来说,则使用 DB9 连接器。大多数以太网在安装时使用基于 EIA 标准的电缆,而大多数 IBM 及令牌环网则倾向于使用符合 Type 标准的电缆。本书主要描述 CAT 系列的双绞线。

与其他传输介质相比,双绞线在传输距离、信道宽度和数据传输速度等方面均受一定限制,但价格较为低廉。4 对双绞线是最常用的铜线连接介质,市售的用于网络综合布线工程的双绞线一箱长度是 1000 英尺(305m)。在综合布线工程中,双绞线最主要的用途是配线(水平)子系统的布线及工作区的跳线。

2. 双绞线的分类

目前,双绞线可分为非屏蔽双绞线(Unshielded Twisted Pair,UTP,也称非屏蔽双绞线)和屏蔽双绞线(Shielded Twisted Pair,STP),屏蔽双绞线电缆的外层由铝箔包裹着,它的价格相对要高一些。图 2-1 为非屏蔽双绞线(UTP),图 2-2 为屏蔽双绞线(STP)。

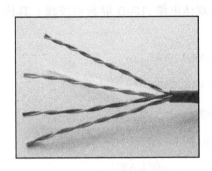

图 2-1 非屏蔽双绞线(UTP)

图 2-2 屏蔽双绞线(STP)

因为双绞线传输信息时要向周围辐射,有可能被窃听,所以要花费额外的代价加以屏蔽,以减小辐射(但不能完全消除)。这就是我们常说的屏蔽双绞线电缆。STP 使用金属屏蔽层来降低外界的电磁干扰(EMI),当屏蔽层被正确地接地后,可将接收到的电磁干扰信号变成电流信号,与在双绞线形成的干扰信号电流反向。只要两个电流是对称的,它们就可抵消,而不给接收端带来噪声。可是,屏蔽层不连续或者屏蔽层电流不对称时,就会降低甚至完全失去屏蔽效果而导致噪声。STP 线缆只有当完全的端对端链路均完全屏蔽及正确接地后,才能防止电磁辐射及干扰。屏蔽双绞线相对来说贵一些,安装要比非屏蔽双绞线电缆难一些,类似于同轴电缆,它必须配有支持屏蔽功能的特殊连接器和相应的安装技术。但它有较高的传输速率。

STP 线缆的缺点是,在高频传输时衰减增大,如果没有良好的屏蔽效果,平衡性会降低,也会导致串扰噪声。而屏蔽的效果取决于屏蔽材料、屏蔽层密度以及电磁干扰信号类型、频率、噪声源至屏蔽层的距离、屏蔽的连续性和所采用的接地结构等。

UTP 网线使用 RJ-45 水晶头进行连接,RJ-45 接头是一种只能固定方向插入并自动防止脱落的塑料接头,网线内部的每一根信号线都需要使用专用压线钳使它与 RJ-45 的接触点紧紧连接。UTP 网线适用于 10Base-T、100Base-TX、1000Base-T 等标准的以太网星形拓扑结构网络。

常见的双绞线种类如图 2-3 所示。

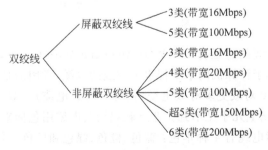

图 2-3 常见的双绞线种类

STP 一般用在易于受电磁干扰和无线频率干扰的环境中。而一般的计算机网络工程中则更多的是采用 UTP 作为施工线材。

3. 双绞线的品种

双绞线常用作传输介质。它被分为屏蔽双绞线与非屏蔽双绞线两大类。在这两大类中又分为：100Ω 屏蔽双绞线、100Ω 非屏蔽双绞线、双体电缆、150Ω 屏蔽双绞线。具体型号有多种，如图 2-4 所示。

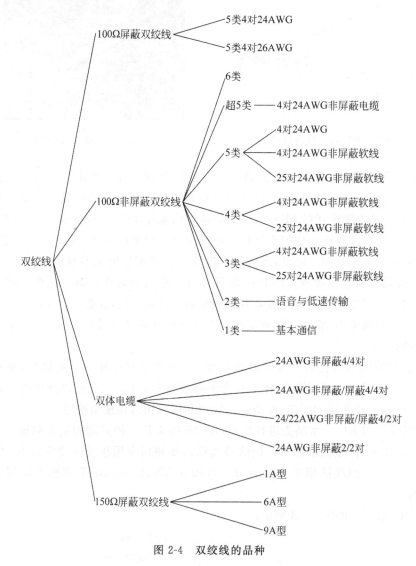

图 2-4 双绞线的品种

常用双绞线细铜芯线的直径为 24AWG(American Wire Gauge,AWG)，AWG 是衡量铜电缆直径的单位。对于计算机网络工程水平布线的电缆，常用的是 4 组线对，而语音系统则常用 25 对、50 对、100 对或更多对数电缆(俗称大对数电缆)。双体电缆和 150Ω 的双绞线在国内较少使用，市场上几乎见不到。非屏蔽双绞线电缆用色标来区分不同的线，计算机网络系统中常用的 4 对电缆有 4 种本色：蓝色、橙色、绿色和棕色。每条线以本色配白色条纹或斑点进行标记。色标也称为色带标志，条纹标志也称为色基标志。在使用 25 对或更粗的电缆时,正确使用色标就显得更为重要。表 2-1 为常见 4 对 UTP 颜色编码。

表 2-1　4 对双绞线导线色彩编码

线　对	编号	颜色编码	色彩码
线对 1	1	白一蓝	W-BL
	2	蓝	BL
线对 2	3	白一橙	W-O
	4	橙	O
线对 3	5	白一绿	W-G
	6	绿	G
线对 4	7	白一棕	W-BR
	8	棕	BR

对于一条双绞线,在其护套上每隔两英尺有一段文字。以 AMP 公司的线缆为例,该文字类似为:"AMP SYSTEMS CABLE E138034 010024AWG (UL) CMR/MPR OR C(UL) PCCFT4 VERIFIED ETL CAT5044766 FT201207"。

- AMP:代表公司名称。
- 0100:表示 100Ω。
- 24:表示线芯是 24 号的(线芯有 22、24、26 三种规格)。
- AWG:表示美国线缆规格标准。
- UL:表示通过认证的标记。
- FT4:表示 4 对线。
- CAT5:表示 5 类线。
- 044766 FT:表示线缆当前处在的英尺数。
- 201207:表示生产年月。

随着计算机网络的发展,以太网已成为构建计算机局域网的主流技术,其技术发展也从最初的 10Mbps 发展到了现在的 10Gbps。适用于计算机网络工程布线的 4 线对双绞线中,不同级别的线缆电气特性不同,级别越高,传输带宽越高,则越能支持高速率的网络技术,随之价格也越高。表 2-2 列出了用于计算机网络的双绞线的适用场合。

表 2-2　以太网技术与适用双绞线对照表

以太网类型	传输速率	电缆类型	最大传输距离(m)
10Base-T	10Mbps	3 类/5 类 UTP	100
100Base-T	100Mbps	5 类 UTP	100
100Base-T	200Mbps	5 类 UTP	100
1000Base-T	1Gbps	5e 类 UTP	100
1000Base-TX	1Gbps	6 类 UTP	100
10GBase-T	10Gbps	6a 类/7 类	100

4. 常见的双绞线

(1)3 类双绞线

3 类双绞线的最高传输频率为 16MHz,最高传输速率为 10Mbps,主要应用于语音和最高传输速率为 10Mbps 的以太网中,最大网段长度为 100m,连接器采用 RJ-45 形式。

（2）5 类双绞线

由于 5 类双绞线使用了特殊的绝缘材料,使其最高传输频率达到 100MHz,最高传输率达 100Mbps,既可用于语音,也可用于 100Base-T 以太网的数据传输。其最大网段长度也是 100m,连接器采用 RJ-45 形式。

（3）超 5 类双绞线

超 5 类双绞线是增强型的 5 类双绞线,由于材料技术的提高,超 5 类双绞线的衰减和串扰比 5 类小,故可以提供更坚实的网络基础,满足大多数应用的需求,给网络安装和测试带来了便利,成为目前国内网络应用中较好的解决方案。虽然原标准规定超 5 类的传输特性与普通 5 类的相同,但现在许多厂家的产品都已远远超出标准的要求,最高的传输频率可大于 155MHz,在四对线都工作于全双工通信时,最高传输速率可达近 1000Mbps。其最大网段长度也是 100m,连接器采用 RJ-45 形式。图 2-5 为超 5 类 4 对 24AWG 非屏蔽双绞线的剖面图。

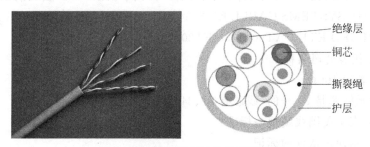

图 2-5　超 5 类非屏蔽双绞线的剖面图

（4）6 类双绞线

6 类双绞线的性能在标准中被定义为 5 类带宽（100MHz）的两倍,即 200MHz。而与布线技术应用紧密相关的 IEEE 网络技术委员会考虑到在网络传输设备中可以使用数字信号处理器（DSP）技术进行部分串扰的降低处理,从而使网络的实际可用带宽超过 200MHz,因而要求将 6 类布线的最低性能要求曲线扩展到 250MHz。TIA 布线技术委员会满足了这个要求,在最终的 6 类性能要求中将所有参数频率范围设置到 250MHz,而衡量 6 类双绞线传输能力的指标,即功率和衰减串扰比（PSACR）只要求在 200MHz 大于零,也就是 6 类双绞线系统的带宽为 250MHz。其最大网段长度也是 100m,连接器采用 RJ-45 形式。6 类线与 5 类线从外观上最明显的区别是 6 类线中有十字架,而 5 类线中没有。6 类线如图 2-6 所示。

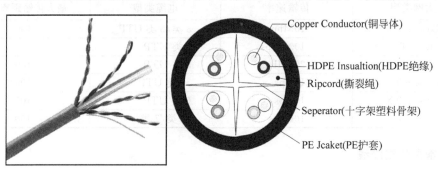

图 2-6　6 类非屏蔽双绞线

6 类与超 5 类双绞线的一个重要的不同点在于：改善了在串扰以及回波损耗方面的性能，对于新一代全双工的高速网络应用而言，优良的回波损耗性能是极重要的。6 类标准中取消了基本链路模型，布线标准采用星形的拓扑结构，要求的布线距离为：永久链路的长度不能超过 90m，信道长度不能超过 100m。TIA/EIA 规定的 6 类系统的标准与 5 类系统有较大的差别，主要表现在以下几个方面。

① 结构变化。新的 568-B 标准从结构上分为三部分：568-B1 综合布线系统总体要求、568-B2 平衡双绞线布线组件和 568-B3 光纤布线组件。

568-B1 综合布线系统总体要求：在新标准中，包含了电信布线系统设计原理、安装准则与现场测试相关的内容。

568-B2 平衡双绞线布线组件：在新标准中，包含了组件规范、传输性能、系统模型和用于验证电信布线系统的测量程序相关内容。

568-B3 光纤布线组件：在新标准中，包含了与光纤电信布线系统的组件规范和传输相关要求的内容。

② 关键新项目。568-B 标准除了结构上的变化外，还增加了一些关键新项目。

新术语：术语"衰减"改为"插入损耗"，用于表示链路与信道上的信号损失量，电信间 TC 改为 TR。

介质类型：在水平电缆方面，为 4 对 100Ω 3 类 UTP 或 STP；4 对 100Ω 超 5 类 UTP 或 STP；4 对 100Ω 6 类 UTP 或 STP；2 条或多条 62.5/125μm 或 50/125μm 多模光纤。在主干电缆方面，为 100Ω 双绞线，3 类或更高；62.5/125μm 或 50/125μm 多模光纤；单模光纤。568-B 标准不认可 4 对 4 类和 5 类电缆。150Ω 屏蔽双绞线是认可的介质类型，然而，不建议在安装新设备时使用。混合与多股电缆允许用于水平布线，但每条电缆都必须符合相应等级要求，并符合混合与多股电缆的特殊要求。

接插线、设备线与跳线：对于 24AWG(0.51mm) 多股导线组成的 UTP 跳接线与设备线的额定衰减率为 20%，采用 26AWG(0.4mm) 导线的 STP 缆线的衰减率为 50%。多股线缆由于具有更大的柔韧性，建议用于跳接线装置。

距离变化：现在，对于 UTP 跳接线与设备线，水平永久链路的两端最长为 5m，以达到 100m 的总信道距离。对于二级干线，中间跳接到水平跳接(IC 到 HC)的距离减为 300m。从主跳接到水平跳接(MC 到 HC)的干线总距离仍遵循 568-A 标准的规定。中间跳接中与其他干线布线类型相连的设备线和跳接线不应超过 20m。

安装规则：4 对 STP 电缆在非重压条件下的弯曲半径规定为电缆直径的 8 倍。2 股或 4 股光纤的弯曲半径在非重压条件下是 25mm，在拉伸过程中为 50mm。电缆生产商应确定光纤主干线的弯曲半径要求。如果无法从生产商获得弯曲半径信息，则建筑物内部电缆在非重压条件下的弯曲半径是电缆直径的 10 倍，在重压条件下是 15 倍。2 芯或 4 芯光纤的牵拉力是 222N。超 5 类双绞线开绞距离距端接点应保持在 13mm 以内，3 类双绞线应保持在 75mm 以内。

③ 永久链路代替基本链路。水平布线永久链路测试连接方式和测试指标要求永久链路方式供安装人员和数据电信用户用来认证永久安装电缆的性能，今后将代替基本链路方式。永久链路信道由 90m 水平电缆和一个接头组成，必要时再加一个可选转接头来组成。永久链路配置不包括现场测试仪插接软线和插头。

④ 测试参数的变化。超 5 类及 6 类双绞线除了测试连通性、线缆链路长度、特性阻抗、直流环路电阻、衰减、近端串扰、插入损耗外，各项测试参数的限定值上也有所变化。

6 类布线系统测量中新增加的两个参数为传播时延、传播时延差。

⑤ 推动高速应用。为保证网络的高效运行以及对未来高速网络的支持，目前至少要选择超 5 类电缆系统。而对于更高要求，特别是考虑长远的投资时，建议选择 6 类布线系统。它使高速数据的传输变得简单，用户可以利用更廉价的 1000Base-TX 设备。其传输性能远远高于超 5 类标准，适用于传输速率等于或高于 1Gbps 的应用，打开了通往未来高速应用发展的大门。6 类布线不仅提供了新的网络应用平台，还大大提高了数字语音和视频应用到桌面的服务质量。6 类标准的出台，极大地推动了电信工业的发展。

（5）7 类双绞线

7 类电缆系统是欧洲提出的一种电缆标准，1997 年 9 月，ISO/IEC 确定 7 类布线标准的研发。7 类标准是一套在 100Ω 双绞线上支持最高 600MHz 带宽传输的布线标准。与 4 类、5 类、超 5 类和 6 类相比，7 类具有更高的传输带宽，其连接头要求在 600MHz 时所有的线对提供至少 60dB 的综合近端串扰比。

从 7 类标准开始，布线历史上出现了"RJ"型和"非 RJ"型接口的划分。RJ 是 Registered Jack 的缩写。在 FCC（美国联邦通信委员会标准和规定）中 RJ 是描述公用电信网络的接口，常用的有 RJ-11 和 RJ-45，计算机网络的 RJ-45 是标准 8 位模块化接口的俗称。在以往的 4 类、5 类、超 5 类、6 类布线中，采用的都是 RJ 型接口。

7 类双绞线是一种 8 芯屏蔽线，每对都有一个屏蔽层（一般为金属箔屏蔽），然后 8 根芯线外还有一个屏蔽层（一般为金属编织丝网屏蔽），6 类和 7 类布线系统有很多显著的差别，最明显的就是带宽。6 类信道提供了至少 200MHz 的综合衰减对串扰比及整体 250MHz 的带宽。7 类系统可以提供至少 500MHz 的综合衰减对串扰比和 600MHz 的整体带宽。6 类和 7 类系统的另外一个差别在于它们的结构。6 类布线系统既可以使用 UTP，也可以使用 STP。而 7 类系统只基于屏蔽电缆。在 7 类线缆中，每一对线都有一个屏蔽层，4 对线合在一起还有一个公共大屏蔽层。从物理结构上来看，额外的屏蔽层使得 7 类线有一个较大的线径，如图 2-7 所示。还有一个重要的区别在于其连接硬件的能力，7 类系统的参数要求连接头在 600MHz 时所有的线对提供至少 60dB 的综合近端串绕。而超 5 类系统只要求在 100MHz 提供 43dB 的综合近端串绕，6 类在 250MHz 的数值为 46dB 的综合近端串绕。

（6）3 类 25 对 24AWG 非屏蔽软线

这类电缆传输最高传输频率为 16MHz，最高传输速率为 10Mbps，它由 25 对线组成，为用户提供更多的可用线对，主要用于语音通信。物理结构如图 2-8 所示。

图 2-7 7 类屏蔽双绞线

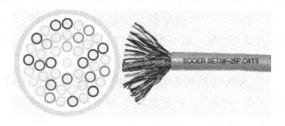

图 2-8 大对数电缆

（二）同轴电缆

1. 同轴电缆概述

同轴电缆具有屏蔽好、带宽高和衰减低及安装方便等优点。其一般构成形式是，一条导体线传输信号，导体周围裹一层绝缘体和一层铜芯的屏蔽网，屏蔽层和内部导体共轴。

同轴电缆有粗、细两种形式。在早期的网络中经常使用粗同轴电缆作为连接网络的主干。20世纪80年代早期，以太网标准建立时，第一个定义的介质类型就是粗同轴电缆。因为有了更好的产品（如光纤等）来取代它，目前粗同轴电缆已经不经常使用了。细同轴电缆的直径与粗同轴电缆相比要小一些，用于将桌面工作站连接到网络中。

2. 同轴电缆的分类

（1）基带同轴电缆

基带同轴电缆以硬铜线为芯，外包一层绝缘材料。这层绝缘材料用密织的网状导体环绕，网状导体外又覆盖一层保护性材料。常见的是 50Ω 基带同轴电缆，用于数字传输。

基带同轴电缆的这种结构，使它具有高带宽和极好的噪声抑制特性。同轴电缆的带宽取决于电缆长度。实际操作中，可以使用的电缆长度可以很长，但是传输率要降低，同时因为信号的衰减，线缆中间还需要使用中继器。目前，主干同轴电缆大量被光纤取代。

（2）宽带同轴电缆

使用有线电视电缆进行模拟信号传输的同轴电缆系统被称为宽带同轴电缆。"宽带"这个词来源于电话业，指比 4kHz 宽的频带。然而在计算机网络中，"宽带电缆"却指任何使用模拟信号进行传输的电缆网。

宽带网使用标准的有线电视技术，可使用的频带高达 300MHz（常常到 450MHz）。由于使用模拟信号，需要在接口处安放一个电子设备，用以把进入网络的比特流转换为模拟信号，并把网络输出的信号再转换成比特流。

3. 常见的同轴电缆

同轴电缆是由中心导体、绝缘材料层、网状织物构成的屏蔽层以及外部隔离材料层组成的，如图 2-9 所示。

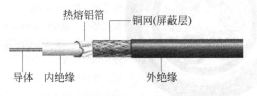

热熔铝箔　　铜网(屏蔽层)

导体　内绝缘　　　　外绝缘

图 2-9　同轴电缆的结构

常见的同轴电缆型号见表 2-3。

与计算机网络综合布线相关的同轴电缆主要有：用于粗缆以太网的 RG-8、用于细缆以太网的 RG-58、用于 ARC 网络和 IBM 3270 网络的 RG-62，RG-59 则主要用于有线电视系统。

表 2-3 常见的常用的同轴电缆

RG 编号	中心编号（AWG）	阻抗（Ω）	导体芯
RG-6/U	18	75	单芯
RG-8/U	10	50	单芯
RG-58/U	20	53.5	单芯
RG-58C/U	20	50	单芯
RG-58A/U	20	50	单芯
RG-59/U	20	75	单芯
RG-62/U	20	93	单芯

（三）光缆

1. 光缆概述

光缆是数据传输中最有效的一种传输介质。光缆的内部核心传输介质是光纤,光纤即光导纤维,是一种传输光束的细而柔韧的媒质,通常是由石英玻璃制成的横截面积很小的双层同心圆柱体,它质地脆,易断裂,因此需要外加保护层,光纤外层的多层保护结构可防止周围环境对光纤的伤害。通常光纤被扎成束,外面有外壳保护,包覆后的缆线即被称为光缆。在综合布线工程中,光缆主要用于垂直干线子系统和建筑群子系统布线。图 2-10 为层绞式普通铠装光缆的外观,图 2-11 为剖面图。

图 2-10 层绞式普通铠装光缆

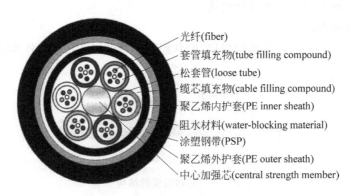

光纤(fiber)
套管填充物(tube filling compound)
松套管(loose tube)
缆芯填充物(cable filling compound)
聚乙烯内护套(PE inner sheath)
阻水材料(water-blocking material)
涂塑钢带(PSP)
聚乙烯外护套(PE outer sheath)
中心加强芯(central strength member)

图 2-11 层绞式普通铠装光缆剖面图

光纤通信系统由光源、光纤、光发送机和光接收机组成,如图 2-12 所示。

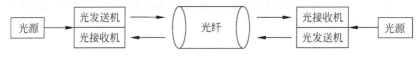

图 2-12 光纤通信系统

- 光源是光波产生的根源；
- 光纤是传输光波的导体；
- 光发送机负责产生光束，将电信号转变成光信号，再把光信号导入光纤；
- 光接收机负责接收从光纤上传输过来的光信号，并将它转变成电信号，经解码后再作相应处理。

光纤透明、纤细，虽比头发丝还细，却具有把光封闭在其中并沿轴向进行传播的导波结构。光纤纤芯外面包围着一层折射率比纤芯低的称为包层的玻璃封套，以使光线保持在芯内。光纤通信就是因为光纤的这种神奇结构而发展起来的以光波为载频、光导纤维为传输介质的一种通信方式。

通过光波进行信号传输时，传输行为和光的波长有关。有些波长的光在光纤中进行传输时比其他波长的光效率更高。光的波长所使用的计量单位是纳米（nm）。可见光的波长范围是 400～700nm，这种波长的光在光纤中进行传输时，其数据传输的效率不高。使用波长范围为 700～1600nm 的红外光进行数据传输的效率较高。光波通信的理想波长范围或者说窗口有 3 个，分别为 850nm、1310nm、1550nm。高速的数据传输使用的波长窗口为 1310nm。

有两种光源可被用作信号源：发光二极管 LED（Light-Emitting Diode）和注入型激光二极管 ILD（Injection Laser Diode）。其中 LED 成本较低，而激光二极管可获得很高的数据传输率和较远的传输距离。它们有着不同的特性，见表 2-4。

表 2-4　两种光源的不同特性

项　　目	发光二极管	注入型激光二极管
数据速率	低	高
模式	多模	多模或单模
距离	短	长
生命期	长	短
温度敏感性	较小	较敏感
造价	低	高

使用光学信号进行数据传输，当光信号到达接收方时必须具有足够的强度，这样接收方才能够准确地检测到它。光衰减是指当信号从源节点（传送节点）向目标节点进行传输时，光信号在通信介质中的损失。在光纤中的衰减是用分贝（dB）进行度量的。光信号的能量损失与光纤的长度、光纤弯曲的程度、弯曲的数量有直接关系。在光波经过结合点或者结合部时也会有能量损失。

为了能够准确地传输到接收方，当光波离开传输设备时，必须具有一定的能量级别。这个最小的能量级别称为功率分配。对于光纤电缆通信而言，功率分配就是按分贝度量传送能量和接收方最终得到的信号强度之间的关系。它是发送信号能够完好无损地到达接收方所必须具有的最小发送能量和接收方敏感度。对于高速通信，光功率分配必须为 11dB。

光纤通信的主要特点是：

- 传输频带宽、通信容量大，短距离时达几千兆的传输速率；
- 线路损耗低、传输距离远；

- 抗干扰能力强,应用范围广;
- 线径细、质量小;
- 抗化学腐蚀能力强;
- 光纤制造资源丰富。

正是由于光纤的以上优点,使得从 20 世纪 80 年代开始,宽频带的光纤逐渐代替窄频带的金属电缆。但是,光纤本身也有缺点,如质地较脆、机械强度低。所以稍不注意就会折断于光缆外皮当中。施工人员要有比较好的切断、连接、分路和耦合技术。然而,随着技术的不断发展,这些问题是可以解决的。

2. 光纤的分类

光纤主要有两种分类方法:一是按照模数,可分为单模和多模;二是按照折射率分布,可分为跳变式光纤和渐变式光纤。

(1) 单模和多模

单模和多模主要的区别在于模的数量,或者说是它们能够携带的信号的数量。

单模光纤(Single-Mode Fiber,SMF)主要用于长距离通信,纤芯直径很小,直径为 $8 \sim 10 \mu m$,外覆包层直径为 $125 \mu m$。单模光纤在给定的时间、给定的工作波长上只能以单一模式传输,即只能有一个光波在光纤中进行传输,所以传输频带宽,传输容量大。单模光纤使用的通信信号是激光。激光光源包含在发送方发送接口中,由于带宽相当大,所以能够以很快的速度进行长距离传输。

单模光纤中光的传输如图 2-13 所示。

图 2-13　单模光纤传输示意图

TIA/TIS 568-A 规范规定的单模光纤电缆的主要特征如表 2-5 所示。

表 2-5　单模光纤规格

属　　性	值　或　特　征
主干段的最大长度	3000m
一水平段(到桌面)的最大长度	不建议用于水平布线
每段上节点的最大数目	2
最大衰减	不高于 0.5dB/km
缆线类型	$8.3/125 \mu m$
连接器	ST 或 SC 连接器

多模光纤(Multi-Mode Fiber,MMF)是在给定的工作波长上,能以多个模式同时传输的光纤。多模光纤直径为 $50 \sim 62.5 \mu m$,而覆层直径为 $125 \mu m$。在传输距离上没有单模光纤那么长,因为其可用的带宽较小,光源也较弱。对于多模光纤,在传输时使用的光源为 LED,该设备位于发送节点的网络接口中。

多模光纤中光的传输如图 2-14 所示,多模光纤的剖面图如图 2-15 所示。

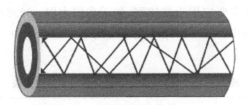

图 2-14　多模光纤传输示意图

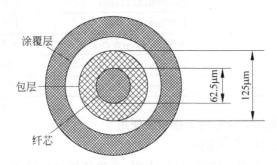

图 2-15　多模光纤剖面图

TIA/TIS 568-A 规范规定的多模光纤电缆的主要特征如表 2-6 所示。

表 2-6　多模光纤规格

属　性	值 或 特 征
主干段的最大长度	2000m
一水平段(到桌面)的最大长度	100m
每段上节点的最大数目	2
最大衰减	850nm 波长下传输的衰减为 3.75dB/km,1310nm 波长下传输的衰减为 1.5dB/km
缆线类型	62.5/125μm
连接器	ST 或 SC 连接器

(2)跳变式光纤和渐变式光纤

跳变式光纤纤芯的折射率和保护层的折射率都是常数。在纤芯和保护层的交界面折射率呈阶梯形变化。

渐变式光纤纤芯的折射率随着半径的增加而按一定规律减小,到纤芯与保护层交界处减小为保护层的折射率。纤芯的折射率的变化近似抛物线形。

(3)其他分类方法

可用波长:即用来传输数据的光的波长。一个特定的光源的波长是指从光源发出的一束标准光波中相邻波峰间的距离,这个长度是以纳米(nm)来度量的,由此可以分为长波与短波光纤。一般来说光纤使用波长在 800~1550nm 的光信号,具体由光源而定。

芯层/包层的尺寸:芯层和包层的尺寸是指光缆中一根单个光纤的芯层和包层的尺寸,一根光纤常常以芯层和包层的尺寸来划分等级,这个尺寸包括两个数字。第一个数据是光纤芯层的直径,单位是微米(μm),第二个数据是光纤包层的外径,单位也是微米。现在常见的主要有 3 种:8/125μm 主要应用于高速网,如千兆以太网;62.5/125μm 作为一种通用光纤使用在局域网或广域网中;100/140μm 主要应用于令牌环网中。表 2-7 为常见的网络类型与光纤的型号对照表。

表 2-7　常见的网络类型与光纤的型号对照表

网络类型	单模光纤波长、尺寸	多模光纤波长、尺寸
以太网	1300nm、8/125μm	850nm、62.5/125μm
高速以太网	1300nm、8/125μm	1300nm、62.5/125μm
令牌环网	专利、8/125μm	专利、62.5/125μm
ATM 网	1300nm、8/125μm	1300nm、62.5/125μm
高速光纤环网	1300nm、8/125μm	1300nm、62.5/125μm

3. 光纤在中小企业网综合布线工程中的使用

(1)光纤与双绞线的比较和选择

一般来说,光纤支持传统 100Mbps 以太网、令牌环网、FDDI 以及 ATM 和 1000Mbps 以太网等。非屏蔽双绞线(UTP)可用于各类以太网,对中小企业来说,往往采用 100Mbps 快速以太网,并逐步向千兆位以太网过渡,而所有这些均可通过价格低廉、易于安装和管理的 UTP 实现。

然而,UTP 并不能解决所有问题,主要原因是 UTP 的传输距离短,每条链路不能超过 90m。另一方面,UTP 是以金属铜为介质的导体,对周围环境的电磁干扰抵抗能力较差,更不能抵御直接雷击或雷电感应对整个系统的破坏,故特别不适宜做楼宇之间的网络连接线路。光纤的传输距离远(可达 2km 甚至几十千米)、容量大,并且不怕雷击和电磁干扰。只要在关键线路上少量地使用光纤,如作为网络主干,许多问题就迎刃而解,其费用并不见得不可接受。

(2)光纤类型的选择

多模光纤由于存在模间色散和模内色散,相对单模光纤来说,其传输距离较短(一般在 2km 之内),带宽较窄(约 2.5Gbps)。单模光纤纤芯直径较小,一般为 8.3μm,包层直径为 125μm,光在其中直线传播,很少反射,不存在模间色散,模内色散也较小,故传输距离长(如 3km 甚至几十千米),带宽大(超过 10Gbps),但其端接设备比多模端接设备贵得多。在距离和带宽不特别高的中小企业网,选用多模光纤比较合适。

实际中使用的光纤是含有多根纤芯、并经多层保护的光缆,中小企业网多选用价格低廉的 8 芯室外光缆作为楼宇之间的主干连接,8 芯室内光缆作为楼内的主干连接。

(3)光纤端接设备的选择

由光纤通信原理可知,电信号与光信号的转换通过光端接设备实现。光纤布好后光纤系统的传输速率取决于光端接设备,企业可根据需求和经济能力来选定光端接设备,或通过更新光端接设备来提升系统性能。常用光端接设备有网络设备上的光接口模块、外置单独的光纤收发器、光纤网卡、光纤交换机等。根据传输速率则可分为 10Mbps、100Mbps、1000Mbps 等规格。光端接设备一般不能自适应(如 10M/100M)(bps),选择前应确定相关设备端口速率,并确定全双工、半双工方式。在有多对纤芯连接到一个中心时,如 5 对或更多,应考虑使用光纤交换机以提高性能、简化布线。当纤芯数量较少时,应优先使用光纤收发器,既廉价又有很大灵活性。光纤网卡适合于直接到主机而非交换设备。

现在常用的光纤模块或光纤收发器大多是双纤的,即有两个光纤插孔,一个发送,一个接收,称为双纤双路。其优点是实现容易,价格便宜,缺点是一个链路需要 2 根光纤,光缆利用率不高。也有用单芯的,称为单纤双向,即 BIDI(Bidirectional),它是利用 WDM(波分复用)技术,发送和接收两个方向的不同中心波长的光信号,从而实现一根光纤的双向传输。一般光模块有 TX 发射端口与 RX 接收端口两个端口,而 BIDI 光模块只有 1 个端口,通过光模块中的滤波器进行滤波,同时完成 1310nm 光信号的发射和 1550nm 光信号的接收,或者相反。因此,BIDI 模块必须成对使用,例如思科的 GLC-BX-D 和 GLC-BX-U,当一端使用 GLC-BX-D 时,另一端必须选用与之对应的 GLC-BX-U。BIDI 光模块最大的优势就是节省光纤资源,让两根传输光纤合二为一。常见的单纤双向光模块的波长组合有:1310/1550nm(常见于 FE 速率的 BIDI 模块),1310/1490nm(常见于 GE 速率的 BIDI 模块)。目前电信运营商采用 xPON 技术积极推行 FTTH(光纤到户)技术,在光纤接入的宽带用户家中也常常能见到采用这种单纤双向传输的 ONT(Optical Network Terminal,光网络设备)和单芯光纤跳线的连接方式。

四、实践操作

1. 走访电子市场,记录市面销售的用于计算机网络综合布线的各种线缆及市场价格并形成报告。

2. 访问光缆生产厂家的网站,了解市场销售的主要的光缆类型和适用场合。

3. 根据线缆厂家印刷标识识别线缆类型。

模块 2　认识综合布线系统连接器件

一、教学目标

【知识目标】

1. 熟悉各类双绞线连接件的种类与用途。

2. 熟悉各类光缆连接件的种类与用途。

【技能目标】

1. 能正确识别并选择合适的双绞线连接件。

2. 能正确识别并选择合适的光缆连接件。

二、工作任务

1. 选用正确的双绞线连接件。

2. 选用正确的光缆连接件。

三、相关知识点

综合布线用的线缆,无论是双绞线还是光缆,必须要依赖各种连接器件才能最终与各种网络设备连接,线缆的中转跳接也需要各种连接器件。本节介绍双绞线和光缆的各种连接器。

(一)双绞线连接件

1. RJ-45 头

4 对双绞线是最常用的铜线连接介质,RJ-45 头则是用于制作双绞线跳线的连接器件,双绞线必须在线缆末端卡接 RJ-45 接头,才能用于设备间互联以及工作间的跳线。RJ-45 接头的形状如图 2-16 所示。适用于 STP 的 RJ-45 接口外面有金属屏蔽层,如图 2-17 所示。

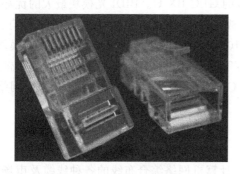

图 2-16　UTP 用 RJ-45 接头

图 2-17　带屏蔽层的 RJ-45 接头

如图 2-18 所示,以 RJ-45 有铜片的那面面向自己,从左向右分别称为第 1 针脚至第 8 针脚(Pin 1～Pin 8)。在制作网线时必须按照 EIA/TIA 568-A 或 EIA/TIA 568-B 两种国际标准中的一种将双绞线的 8 根线插入 RJ-45 接头,并用 RJ-45 工具钳压紧。T568 标准的引脚定义及线序排列见表 2-8 和图 2-19。

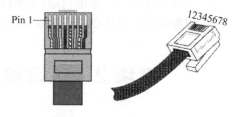

图 2-18　RJ-45 的引脚

表 2-8　EIA/TIA 568 标准的引脚定义和线序排列

EIA/TIA 568-A 标准			EIA/TIA 568-B 标准		
引脚顺序	信号定义	线序排列	引脚顺序	信号定义	线序排列
1	TX+(传输)	白—绿	1	TX+(传输)	白—橙
2	TX−(传输)	绿	2	TX−(传输)	橙
3	RX+(接收)	白—橙	3	RX+(接收)	白—绿
4	没有使用	蓝	4	没有使用	蓝
5	没有使用	白—蓝	5	没有使用	白—蓝
6	RX−(接收)	橙	6	RX−(接收)	绿
7	没有使用	白—棕	7	没有使用	白—棕
8	没有使用	棕	8	没有使用	棕

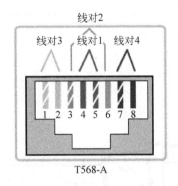
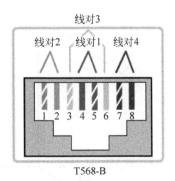

图 2-19　双绞线线序的两种国际标准

用于数据传输的网络跳线分为直通线缆和交叉线缆两类。一般情况下,异种设备之间(如计算机和交换机连接)通信要用直通线缆,而同种设备之间(如计算机和计算机之间直连)通信要用到交叉线缆。在制作直通线时线缆两端须采用同样的标准(在中国习惯用T568-B,而美国则用 T568-A),而制作交叉线缆时则一端用 T568-A,另一端用 T568-B。

- 直通线缆。水晶头两端都是遵循 568-A 或 568-B 标准,综合布线工作区子系统中用到的跳线都是直通线缆,即从信息插座到计算机之间的网线用直通线缆。直通线缆适用的场合:交换机(或集线器)UPLINK 口——交换机(或集线器)普通端口;交换机(或集线器)普通端口——计算机(终端)网卡;交换机(或集线器)普通端口——路由器以太网端口。
- 交叉线缆。水晶头一端遵循 EIA/TIA 568-A 标准,而另一端遵循 EIA/TIA 568-B标准。即两个水晶头的连线交叉连接,A 水晶头的 1、2 应与 B 水晶头的 3、6 采用颜色相同的一组绕线,而 A 水晶头的 3、6 应与 B 水晶头的 1、2 采用颜色相同的一组绕线。

交叉线缆适用场合:交换机(或集线器)普通端口——交换机(或集线器)普通端口,计算机网卡(终端)——计算机网卡(终端),路由器以太网端口——路由器以太网端口,路由器以太网端口——计算机网卡(终端)。

2. 信息模块

工作区子系统计算机要联网必须将网线从计算机网卡连接到墙上的信息插座上(见图 2-20)。信息插座中最主要的连接器件就是 RJ-45 的信息模块。

施工时通过 110 打线方式将水平布线子系统的网线两端端接在信息模块上,一端安装在信息插座上,另一端则安装在管理间子系统的配线架上。具体连接方式如图 2-21 所示。

目前,信息模块的供应商有康普、安普、西蒙等国外商家,国内有南京普天等公司。它们产品的结构都类似,只是排列位置有所不同。有的面板注有双绞线颜色标号,与双绞线压接时,注意颜色标号配对就能够正确地压接。信息插座模块外观如图 2-22 所示。

对信息模块压接时应注意的要点。

(1)双绞线是成对相互拧在一处的,按一定距离拧起的导线可提高抗干扰的能力,减少信号的衰减,压接时一对一对拧开放入与信息模块相对的端口上。

(2)在双绞线压接处不能拧、撕开,并防止断线出现。

(3)使用压线工具压接时,要压实,不能有松动的地方。

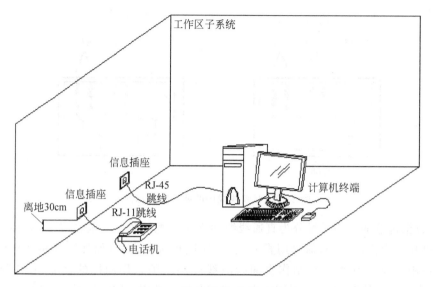

图 2-20　综合布线工作区子系统

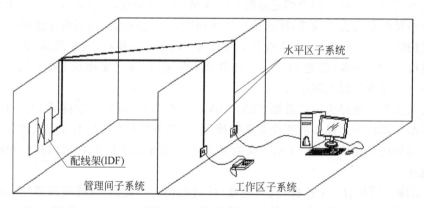

图 2-21　线路连接示意图

图 2-22　信息插座模块

（4）双绞线开绞不能超过要求。

现在也有一类信息模块称为免打线信息模块，即可不借助于 110 打线工具将双绞线压接到模块中，如图 2-23 所示。

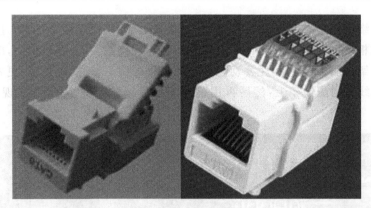

图 2-23　免打线模块

3. 双绞线配线架

　　配线架是电缆进行端接和连接的装置。在配线架的正面可利用跳线进行互连或交接操作，后面则是通过压接在信息模块上的水平布线连接至工作区信息插座。如图 2-24 所示。楼层配线架是连接水平电缆、水平光缆与其他布线子系统或设备相连接的装置，是实现垂直干线和水平布线两个子系统交叉连接的枢纽。配线架通常安装在机柜里。

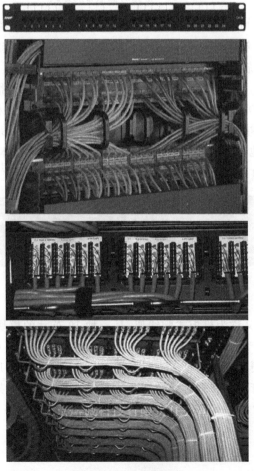

图 2-24　双绞线配线架

一般的网络机柜为19英寸国际标准机柜,按其容量,可以从较小的6U挂墙式机柜到42U的立式机柜。1U＝4.445cm,42U的网络机柜高度接近2m。在机柜中,配线架一般与理线环或理线架搭配一起使用,主要功能是让机柜里的线更整齐、更规范、更容易管理。一般是先把双绞线打到配线架上,然后再用跳线从配线架跳到交换机上,实现物理连接,如图2-25所示。

图 2-25　常见的机柜布局方式

铜缆配线架系统分110型配线架系统和模块式快速配线架系统。110型连接管理系统由AT&T公司于1988年首先推出,该系统后来成为工业标准的蓝本。

110型连接管理系统基本部件是配线架、连接块、跳线和标签。110型配线架是110型连接管理系统核心部分,110配线架是用阻燃、注模塑料做的基本器件,布线系统中的电缆线对就端接在其上。110型配线架有25对、50对、100对、300对多种规格,它的套件还应包括4对连接块或5对连接块、空白标签和标签夹基座。110型配线系统使用方便的插拔式、快接式跳接,可以简单地进行回路的重新排列,这样就为非专业技术人员管理交叉连接系统提供了方便。图2-26为110型配线架的后视图。

图 2-26　110型配线架后视图

模块式快速配线架又称为机柜式配线架,是一种19英寸的模块式嵌座配线架,可容纳24、32、64或96个嵌座。其中24口配线架高度约为2U(8.9cm)。机架式配线架附件包括标签与嵌入式图标,方便用户对信息点进行标识,机架式配线架在19英寸标准机柜上安装时,还需选配水平线缆管理环和垂直线缆管理环。模块式快速配线架使得管理区外观整洁、维护方便。如图2-27所示,一个6口模块式快速配线架可以端接6根4对双绞线。

(二)光纤连接件

1. 光纤连接器

光纤连接器是很独特的,光纤必须同时在其中建立光学连接和机械连接。这种连接不

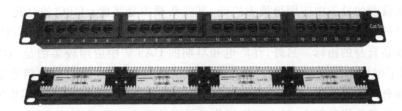

图 2-27　模块式快速配线架

像铜介质网线的连接器,铜介质网线的连接器只要金属针接触就可以建立起足够的连接。而光纤连接器则必须使网线中的光纤完美地对齐在一起。

在安装所有的光纤系统时,都必须考虑以低损耗的方法把光纤或光缆相互连接起来,以实现光链路的接续。光纤链路的接续,又可以分为永久性的和活动性的两种。永久性的接续,大多采用熔接法、粘接法或固定连接器来实现;活动性的接续,一般采用活动连接器来实现。因为布线中连接器与光纤的连接只使用活动连接器,这里只对活动连接器做介绍。

光纤活动连接器,俗称活接头,一般称为光纤连接器,用于连接两根光纤或光缆形成连续光通路的可以重复使用的无源器件,已经广泛应用在光纤传输线路、光纤配线架和光纤测试仪器、仪表中,是目前使用数量最多的光无源器件。

光纤连接器按传输媒介的不同,可分为常见的硅基光纤的单模连接器和多模连接器,一般单模光纤跳线使用黄色外皮,多模光纤跳线使用橙色外皮。如图 2-28 所示,左边的橙色线为多模光纤跳线,右边黄色线为单模光纤跳线。

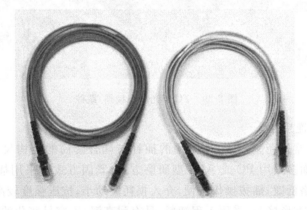

图 2-28　光纤跳线(尾纤)

光纤连接器按连接头结构形式可分为:FC、SC、ST、LC、D4、DIN、MU、MT 等各种形式。其中,FC 和 ST 连接器通常用于布线设备端,如光纤配线架、光纤模块等;而 SC 和 MT 连接器通常用于网络设备端。按光纤端面形状分有 FC、PC(包括 SPC 或 UPC)和 APC,按光纤芯数划分还有单芯和多芯(如 MT-RJ)之分。

光纤跳线的组合方法很多,除了跳线两端都用同种类型(如 FC-FC、SC-SC 等)之外,还可以在跳线两端采用不同的接头,如 FC-SC、ST-LC 跳线等。光纤连接器应用广泛,品种繁多。在实际应用过程中,我们一般按照光纤连接器结构的不同来加以区分。

在表示尾纤接头的标注中,我们常能见到 FC/PC、SC/PC 等,其含义为:"/"前面部分表示尾纤的连接器型号(具体见下面的介绍),"/"后面表明光纤接头截面工艺,即研磨方式。

PC 在电信运营商的设备中应用得最为广泛,其接头截面是平的;UPC 的衰耗比 PC 要小,一般用于有特殊需求的设备,一些国外厂家 ODF 架内部跳纤用的就是 FC/UPC,主要是为提高 ODF 设备自身的指标。另外,在广电和早期的 CATV 中应用较多的是 APC 型号,其尾纤头采用了带倾角的端面,可以改善电视信号的质量,主要原因是电视信号是模拟光调制,当接头耦合面是垂直时,反射光沿原路径返回。由于光纤折射率分布的不均匀会再度返回耦合面,此时虽然能量很小,但由于模拟信号是无法彻底消除噪声的,所以相当于在原来的清晰信号上叠加了一个带时延的微弱信号,表现在画面上就是重影。尾纤头带倾角可使反射光不沿原路径返回。数字信号一般不存在此问题。

以下是一些目前比较常见的光纤连接器。

(1) FC 型光纤连接器

FC 是 Ferrule Connector 的缩写,表明其外部加强方式是采用金属套,紧固方式为螺丝扣。FC 类型的连接器最早采用的陶瓷插针的对接端面是平面接触方式(FC)。此类连接器结构简单,操作方便,制作容易,但光纤端面对微尘较为敏感,且容易产生菲涅尔反射,提高回波损耗性能较为困难。后来,对该类型连接器做了改进,采用对接端面呈球面的插针(PC),而外部结构没有改变,使得插入损耗和回波损耗性能有了较大幅度的提高。

FC 接头是金属接头,一般在 ODF 侧采用,金属接头的可插拔次数比塑料要多,参见图 2-29。

图 2-29　FC 型光纤连接器/跳线

(2) SC 型光纤连接器

SC 型光纤连接器外壳呈矩形,所采用的插针与耦合套筒的结构尺寸与 FC 型完全相同。其中插针的端面多采用 PC 或 APC 型研磨方式,紧固方式是采用插拔销闩式,不需旋转。此类连接器价格低廉,插拔操作方便,介入损耗波动小,抗压强度较高,安装密度高。

SC 接头是标准方形接头,采用工程塑料,具有耐高温,不容易氧化的优点。传输设备侧光接口一般用 SC 接头,参见图 2-30。

图 2-30　SC 型光纤连接器/跳线

（3）ST 型光纤连接器

ST 型光纤跳线由两个高精度金属连接器和光缆组成。连接器外部件为精密金属件，包含推拉旋转式卡口卡紧机构。此类连接器插拔操作方便，插入损耗波动小，抗压强度较高，安装密度高。

ST 型光纤连接器外壳呈圆形，所采用的插针与耦合套筒的结构尺寸与 FC 型完全相同，其中插针的端面多采用 PC 型或 APC 型研磨方式，紧固方式为螺丝扣，参见图 2-31。

图 2-31 ST 型光纤连接器/ST 跳线

（4）MT-RJ 型光纤连接器

MT-RJ 型光纤连接器带有与 RJ-45 型 LAN 电连接器相同的闩锁机构，通过安装于小型套管两侧的导向销对准光纤，为便于与光收发机相连，连接器端面光纤为双芯（间隔 0.75mm）排列设计，是主要用于数据传输的高密度光纤连接器，参见图 2-32。

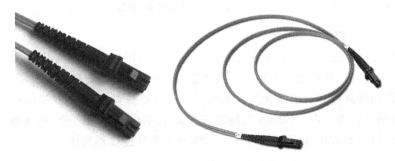

图 2-32 MT-RJ 型光纤连接器/跳线

（5）LC 型光纤连接器

LC 型光纤连接器是著名贝尔（Bell）研究所研究开发出来的，采用操作方便的模块化插孔（RJ）闩锁机理制成。其所采用的插针和套筒的尺寸是普通 SC、FC 等所用尺寸的一半，为 1.25mm。这样可以提高光纤配线架中光纤连接器的密度。目前，在单模 SMF 方面，LC 类型的连接器的应用实际已经占据了主导地位，在多模方面的应用也增长迅速，LC 型连接器见图 2-33。

（6）MU 型光纤连接器

MU 型光纤连接器是以目前使用最多的 SC 型连接器为基础而研制开发出来的世界上最小的单芯光纤连接器。该连接器采用 1.25mm 直径的套管和自保持机构，其优势在于能实现高密度安装。它们有用于光缆连接的插座型连接器（MU-A 系列）、具有自保持机构的底板连接器（MU-B 系列）以及用于连接 LD/PD 模块与插头的简化插座（MU-SR 系列）等。

图 2-33　LC 型光纤连接器/跳线

随着光纤网络向更大带宽、更大容量方向的迅速发展和 DWDM 技术的广泛应用,对 MU 型连接器的需求也将迅速增长。MU 型光纤连接器见图 2-34。

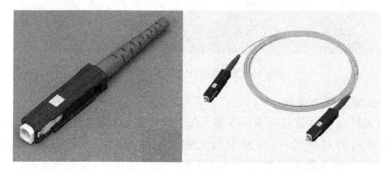

图 2-34　MU 型光纤连接器/跳线

(7) E2000 型光纤连接器

E2000 型光纤连接器系列是少有的几种装有弹簧的闸门的光纤连接器,这样可以保护插针不受灰尘的污染,并不受到磨损。当拔出连接器时,闸门就会自动关闭,以防止污染物,因此保护了因网络故障和有害激光造成的损害。连接器易安装,有推拉锁紧设置,当它完全插入时,会听到"喀"的一声。E2000 型标准连接器有单模和多模之分,两种都是 PC 端面。另一种产品是被研磨成角度为 8°的 APC。E2000 型光纤连接器见图 2-35。

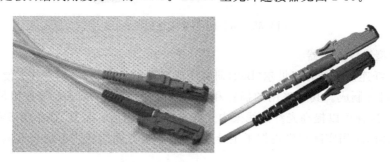

图 2-35　E2000 型光纤连接器/跳线

另外,还有双锥型光纤连接器(Biconic Connector)及 DIN47256 型光纤连接器等,日常用得较少,在此不作介绍。

2. 光纤耦合器

光纤耦合器又称光纤适配器、法兰盘,光纤耦合器用于光纤活动连接器的接续、耦合。

与不同型号的光纤连接头相对应,也有和连接头配套的不同型号的光纤耦合器(如包括 FC、SC、ST、LC、MT-RJ 等),如图 2-36 所示。

图 2-36　各种类型的光纤耦合器

光纤耦合器一般安装在 ODF 架或简易光纤配线盒上,光缆纤芯进入配线架后,要与光纤跳线进行熔接,熔接好的跳线另一头(带有光纤连接头)就插入耦合器(在配线架内的一端)中。耦合器露在配线架外面的一端则用光纤跳线进行光纤跳接或连接到光源上(光纤收发器,网络设备上的光口模块等),如图 2-37 所示。

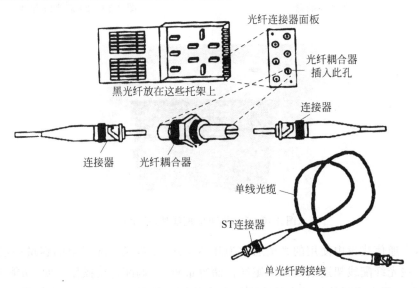

图 2-37　光纤耦合器连接示意图

3. 光纤配线架

光纤配线架是用于光缆与光通信设备之间的配线连接的设备,它具有熔接、跳线、存储、调度等多项功能。光纤配线架从外观上可分为桌面式光纤盒、机架式光纤配线架和 ODF 配线架等。如图 2-38 所示为桌面式光纤盒,也叫光纤终端盒。主要用于设备间或配线间,完成干线或建筑群主干光缆的端接,并连接局域网网络设备,支持光缆的固定、熔接和配线管理。

　　ODF(Optical Distribution Frame)光纤配线架是专为光纤通信机房设计的光纤配线设备,主要用于光缆终端的光纤熔接、光连接器安装、光路的跳接、光缆纤芯和尾纤保护、多余尾纤的存储及光缆的固定等功能。既可单独装配成光纤配线架,也可与数字配线单元、音频配线单元同装在一个机柜/架内,构成综合配线架。图 2-39 为 24 芯光纤配线盒,适用于小芯数光缆的成端和分配,可方便地实现光纤线路的连接、分配与调度;图 2-40 为 72 芯光纤 ODF 配线架(单元),每一层有 12 接口用于安装耦合器,6 层均可单独抽拉。ODF 配线架一般采用 19 英寸国际标准安装界面,适配器端板可灵活调换,适合 FC、SC 和 ST 型适配器等多种形式的光缆配接。

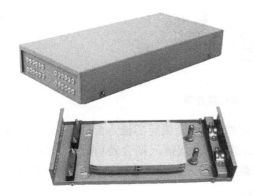

图 2-38　光纤终端盒

图 2-39　24 芯光纤配线盒

图 2-40　72 芯 ODF 配线架(单元)

　　过去,光通信建设中使用的光缆通常为几芯至几十芯,光纤配线架的容量一般都在 100 芯以下,这些光纤配线架逐渐表现出尾纤存储容量较小、调配连接操作不便、功能较少、结构简单等缺点。现在光通信已经在长途干线和本地网中继传输中得到广泛应用,光纤化也已成为接入网的发展方向。各地在新的光纤网建设中,都尽量选用大芯数光缆,这样就对光纤配线架的容量、功能和结构等提出了更高的要求。图 2-41 所示为 ODF 机架。

4. 光纤模块和光纤收发器

　　光纤系统在传输光信号时,离不开光收发器和光纤。多模光纤纤芯较粗(芯径为 $50\mu m$

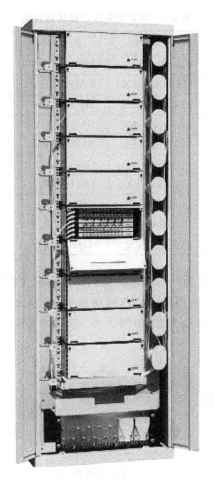

图 2-41　ODF 机架

或 62.5μm），可传多种模式的光。但其模间色散较大，这就限制了传输数字信号的频率，而且随距离的增加会更加严重。因此，多模光纤传输的距离就比较近，一般只有几公里；单模光纤中心纤芯很细（芯径一般为 9μm 或 10μm），只能传一种模式的光。因此，其模间色散很小，适用于远程通信。

　　从未来的发展趋势来讲，水平布线网络速率需要 1Gbps 带宽到桌面，大楼主干网需要升级到 10Gbps 速率带宽，园区骨干网需要升级到 10Gbps 或 100Gbps 的速率带宽。目前网络应用正在以很快的速度增长，千兆到桌面已经是一种很普遍的配置，因此在目前系统规划上要具有一定前瞻性，水平部分应考虑 6 类布线，主干部分应考虑万兆多模光缆，特别是现在 6 类铜缆加万兆多模光缆和超 5 类铜缆加千兆多模光缆的造价上大约只有不到 10％～20％的差别，从长期应用的角度，如造价允许应考虑采用 6 类铜缆加万兆光缆。

　　从投资角度考虑，在至少 10 年内不会用到 10Gbps 的地方，可选用普通多模使万兆传输造价降低。如果希望今后支持万兆传输，而距离较远应考虑采用单模光缆。表 2-9 为常见的光纤模块支持的传输距离。

表 2-9　常见光纤接口模块特性表

网络速率	传输距离	网络标准	光　纤	光　源	波长(nm)
100Mbps	2000m	100Base-FX	MMF(多模)	LED	1300
1000Mbps	300m	1000Base-SX	MMF(多模)	VCSEL	850
1000Mbps	550m	1000Base-LX	MMF(多模)	Laser	1300
1000Mbps	3km	1000Base-LX	SMF(单模)	Laser	1310
1000Mbps	70km	1000Base-ZX	SMF(单模)	Laser	1550
10Gbps	300m	10GBase-SR	OM3(多模)	VCSEL	850
10Gbps	300m	10GBase-LX4	OM1(多模)	Laser	1310
10Gbps	2~10km	10GBase-LR	OS1(单模)	Laser	1310
10Gbps	40km	10GBase-ER	OS1(单模)	Laser	1550
10Gbps	80km	10GBase-ZR	OS1(单模)	Laser	1550

所以在综合布线中要考虑光纤的传输特性选择合适的光纤模块或光纤收发器。光纤收发器一般是外置的,而光纤模块则是安装在网络设备(如路由器、交换机上)。如图 2-42 所示,左边为外置 SC 接口的光纤收发器,中间为 SC 接口的 GBIC 光纤模块,右边为双 LC 接口的 SFP 光纤模块。

图 2-42　光纤收发器和光纤模块

四、实践操作

1. 走访电子市场,记录市面销售的用于计算机网络综合布线的铜线及光纤连接器和配线架,拍摄图片,咨询市场价格并形成报告。

2. 根据拍摄的产品图片列表说明每种连接器的特性和应用场合。

模块 3　认识综合布线系统其他器件

一、教学目标

【知识目标】

1. 熟悉各类布线辅助材料。

2. 熟悉各种综合布线工具。

【技能目标】

1. 能正确识别并选择合适的布线辅助材料。
2. 能正确识别并选用合适的综合布线工具。

二、工作任务

1. 选用正确的布线辅助材料。
2. 选用正确的综合布线工具。

三、相关知识点

(一) 布线辅助材料

1. 面板和接线盒

面板是在一块金属或塑料板上以固定或模块化方式集成了不同种类和数量的信息模块,用于实现工作区子系统中用户设备与布线系统中网络线缆之间的物理和电气上的连接。面板是位于水平布线和工作区布线之间的接口,它为工作区布线提供了与水平布线相连的接口。

目前,面板种类、功能和式样较多,按面板的制作材料可分为金属和塑料两类。塑料面板一般安装在墙面,称作墙面板,如图 2-43 所示,左边为用于双绞线模块配套的墙面板,右边为用于光纤模块配套的墙面板。

图 2-43　墙面板

模块化墙面板上的端口的数量和类型可以根据需要来决定。模块化墙面板安装完毕,若要再想改变端口类型,只需在同一面板上更换所要的端口组件即可,而不需重新更换墙面板。由于其具有灵活性,所以它成为布线系统中首选的墙面板。对于面板上可安装的插孔的数目,不同的生产商有自己的规定,但一般不会超过六组。《建筑物结构化布线标准》(TIA/EIA 568-A)建议,每个工作域出口插座上至少要有两个接口。

模块化墙面板同时符合 TIA/EIA 和 NEC 各种不同的高质量数据通信布线标准,因此,它具有最齐全的插孔种类。现在,有些面板的插孔位置不是传统的竖直向前的,而是与面板呈 45°角向下倾斜的。这样既可以减少插头插在上面时所占用的空间,提高连接的可靠性,又可以防灰尘。

金属面板外形美观、坚固耐用,但造价较高,主要用于安装在地面上,又称地插,如图 2-44 所示。

图 2-44　地插

接线盒是商业应用中最常用的墙面板安装方法,它一般是用金属或塑料制作的小盒子。在建筑施工过程中,它被固定在墙壁壁骨上。接线盒内有用于固定墙面板的螺孔。接线盒主要被用来连接电源插座,但它们也可以用于通信布线,因为两者的墙面板使用的是同样的尺寸和安装件。图 2-45 所示为接线盒。

在一栋旧的建筑物上安装墙面板系统时,如果很难或不可能在墙壁内布线的情况下(如混凝土、灰泥或砖墙),采取走明线的方式进行布线,则底盒只能安装在建好的墙壁上,线穿过布线槽接入固定在墙壁表面的接线盒中。

2. 线槽

布线系统中除了线缆外,槽管是一个重要的组成部分,金属槽、PVC 槽、金属管、PVC管是综合布线系统的基础性材料。在综合布线系统中主要使用线槽有以下几种情况。

- 金属槽和附件;
- 金属管和附件;
- PVC 塑料槽和附件;
- PVC 塑料管和附件。

(1) 金属槽

金属槽由槽底和槽盖组成,每根槽一般长度为 2m,槽与槽连接时使用相应尺寸的铁板和螺丝固定。槽的外形如图 2-46 所示。

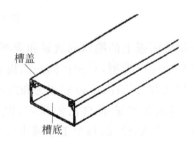

图 2-45　接线盒　　　　　　　　图 2-46　槽的外形

在综合布线系统中一般使用的金属槽的规格有:50mm×100mm、100mm×100mm、100mm×200mm、100mm×300mm、200mm×400mm 等多种规格。

塑料槽的外形与图 2-53 类似,但它的品种规格更多,从型号上讲有:PVC-20 系列、PVC-25 系列、PVC-25F 系列、PVC-30 系列、PVC-40 系列、PVC-40Q 系列等。从规格上讲有：20mm×12mm、25mm×12.5mm、25mm×25mm、30mm×15mm、40mm×20mm 等。

与 PVC 槽配套的附件有：阳角、阴角、直转角、平三通、左三通、右三通、连接头、终端头、接线盒（暗盒、明盒）等。外形如表 2-10 所示。

表 2-10　PVC-25 塑料线槽明敷设安装配套附件

产品名称	图 例	产品名称	图 例	产品名称	图 例
阳角		平三通		连接头	
阴角		顶三通		终端头	
直转角		左三通		接线盒插口	
		右三通		灯头盒插口	

（2）金属管和塑料管

金属管是用于分支结构或暗埋的线路，它的规格也有多种，外径以 mm 为单位。工程施工中常用的金属管有：D16、D20、D25、D32、D40、D50、D63、D110 等规格。

在金属管内穿线比线槽布线难度更大一些，在选择金属管时要注意管径选择大一点，一般管内填充物占 30％左右，以便于穿线。金属管还有一种是软管（俗称蛇皮管），供弯曲的地方使用。

塑料管产品分为两大类，即 PE 阻燃导管和 PVC 阻燃导管。

PE 阻燃导管是一种塑制半硬导管，按外径尺寸可分为 D16、D20、D25、D32 四种规格。外观为白色，具有强度高、耐腐蚀、挠性好、内壁光滑等优点，明、暗装穿线兼用，它还以盘为单位，每盘重为 25kg。

PVC 阻燃导管是以聚氯乙烯树脂为主要原料，加入适量的助剂，经加工设备挤压成型的刚性导管，小管径 PVC 阻燃导管可在常温下进行弯曲。便于用户使用，按外径可分为 D16、D20、D25、D32、D40、D50、D63、D110 等规格。

与 PVC 管安装配套的附件有：接头、螺圈、弯头、弯管弹簧；一通接线盒、二通接线盒、三通接线盒、四通接线盒、开口管卡、专用截管器、PVC 粗合剂等。

（3）桥架

桥架是布线行业的一个术语，是建筑物内布线不可缺少的一个部分。桥架分为普通型桥架、重型桥架、槽式桥架。在普通桥架中还可分为普通型桥架、直边普通型桥架。

在普通桥架中，有以下主要配件供组合：梯架、弯通、三通、四通、多节二通、凸弯通、凹弯通、调高板、端向联结板、调宽板、垂直转角联结件、联结板、小平转角联结板、隔离板等。

在直通普通型桥架中有以下主要配件供组合：梯架、弯通、三通、四通、多节二通、凸弯通、凹弯通、盖板、弯通盖板、三通盖板、四通盖、凸弯通盖板、凹弯通盖板、花孔托盘、花孔弯通、花孔四通托盘、联结板垂直转角联结扳、小平转角联结板、端向联结板护板、隔离板、调宽板、端头挡板等。

重型桥架及槽式桥架在网络布线中很少使用，故不再叙述。图2-47为电缆桥架安装情况的局部示意图。

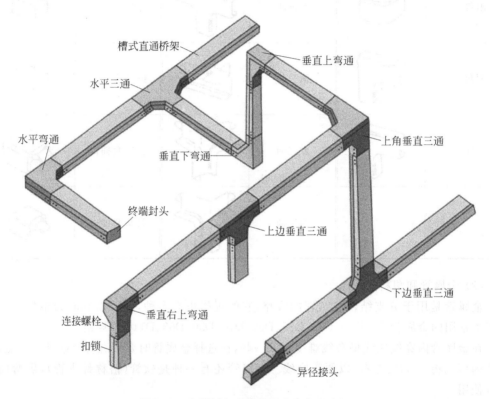

图 2-47　电缆桥架安装情况的局部示意图

（二）综合布线工具

"工欲善其事，必先利其器"，在综合布线工程建设每个环节均应使用适当的工具和检测设备，以保证施工质量，从而确保网络运行效果。下面介绍常见的综合布线工具。

1. 铜线端接工具

（1）5 对 110 型打线工具

该工具是一种简便快捷的 110 型连接端子打线工具，是 110 配线（跳线）架卡接连接块的最佳手段。一次最多可以接 5 对的连接块，操作简单，省时省力，适用于线缆、跳接块及跳线架的连接作业，如图 2-48 所示。

（2）单对 110 型打线工具

适用于线缆、110 型模块及配线架的连接作业。使用时只需要简单地在手柄上推一下，就能将导线卡接在模块中，完成端接过程，如图 2-49 所示。

（3）RJ-45 压线钳

在双绞线网线制作过程中,压线钳是最主要的制作工具,如图 2-50 所示。一把钳子包括了双绞线切割、剥离外护套、水晶头压接等多种功能。

图 2-48　5 对 110 型打线钳　　　图 2-49　单对 110 型打线钳　　　图 2-50　RJ-45 压线钳

（4）剥线器

剥线器不仅外形小巧且简单易用,如图 2-51 所示。操作只需要一个简单的步骤就可除去缆线的外护套,就是把线放在相应尺寸的孔内并旋转 3～5 圈即可除去缆线的外护套。

（5）手掌保护器

因为把双绞线的 4 对芯线卡入到信息模块的过程比较费劲,并且由于信息模块容易划伤手,于是就有公司专门生产一种信息模块嵌套保护装置。这样更加便于把线卡入到信息模块中,另一方面也可以起到隔离手掌,保护手的作用。手掌保护器如图 2-52 所示。

图 2-51　剥线钳　　　　　　　　　图 2-52　手掌保护器

2. 管槽和设备安装工具

（1）电工工具箱

电工工具箱是布线施工中必备的工具,它一般包括钢丝钳、尖嘴钳、斜口钳、剥线钳、一字螺钉旋具、十字螺钉旋具、测电笔、电工刀、电工胶带、活扳手、呆扳手、卷尺、铁锤、凿子、斜口凿、钢锉、钢锯、电工皮带和工作手套等。常用电工工具箱如图 2-53 所示。

（2）电源线盘

在施工现场特别是室外施工现场，由于施工范围广，不可能随地都能取到电源，因此要用长距离的电源线盘接电，线盘长度有 20m、30m、50m 等类型。线盘如图 2-54 所示。

图 2-53　电工工具箱　　　　　　　　图 2-54　电源线盘

（3）电钻

• 手电钻

手电钻由电动机、电源开关、电缆和钻孔头等组成。用钻头钥匙开启钻头锁，使钻夹头扩开或拧紧，使钻头松出或固牢。常见手电钻如图 2-55 所示。

• 冲击电钻

冲击电钻由电动机、减速箱、冲击头、辅助手柄、开关、电源线、插头和钻头夹等组成。适用于在混凝土、预制板、瓷面砖、砖墙等建筑材料上进行钻孔或打洞。冲击电钻如图 2-56 所示。

图 2-55　手电钻　　　　　　　　　　图 2-56　冲击电钻

（4）线槽剪

线槽剪是 PVC 线槽或平面塑胶条切断专用剪，剪出的端口整齐美观。宽度在 65mm 以下线槽都可以使用。线槽剪如图 2-57 所示。

（5）弯管器

弯管器一般用于 PVC 或金属管的弯管，如图 2-58 所示。

图 2-57　线槽剪

图 2-58　弯管器

（6）角磨机

桥架和金属槽进行切割后会留下锯齿形的毛边，会刺穿线缆的外套，用角磨机可将这些毛边磨平，从而保护线缆。角磨机如图 2-59 所示。

（7）型材切割机

在桥架、线槽施工过程中经常需要进行切割操作，这时需要采用切割机完成对桥架、线槽的切割。型材切割机如图 2-60 所示。

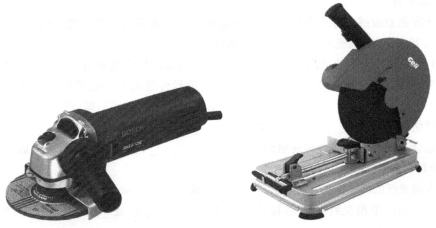

图 2-59　角磨机　　　　　　　图 2-60　型材切割机

四、实践操作

1. 走访电子市场，记录市面销售的用于计算机网络综合布线的各种辅助材料的规格及市场价格并形成报告。

2. 走访电子市场或利用互联网，查询市面销售的用于计算机网络综合布线的各种工具概况、用途及市场价格并形成报告。

【项目小结】

传输介质及连接器是布线系统的基础硬件，在系统设计过程中对传输介质、网络连接设备和相关的连接硬件选择正确与否、其质量的好坏和设计是否合理，直接影响到布线系统的

47

可靠性和稳定性。本项目主要介绍了以下内容。

（1）传输介质是连接网络系统、发送信号和接收信号的物理媒体，它可分为有线通信介质和无线通信介质。其中有线通信介质主要有铜缆和光纤等，无线通信介质主要是无线电、微波等。

双绞线通信介质由于其价格低、重量轻、布线灵活和安装容易，是目前布线系统中的首选通信介质；作为新兴的通信介质，光纤由于其所具有的优势。随着光纤技术的成熟和完善，必将成为布线系统中的主流产品。

（2）各种连接器件不但提供布线系统的连接，而且也是实现对布线系统进行管理的重要装置，它们的质量和性能对整体布线系统将产生直接影响。在设计和施工时，合理的设计和选择连接器件能够优化布线系统，保证网络的可靠和稳定，降低布线系统的建设成本。

（3）布线辅助材料和工具在布线系统中，完整的布线系统必须依托这些辅助材料和相应的工具才能完成施工。要完成高质量的布线工程，辅材和工具的选用将对施工的工艺和质量产生重要影响。

【复习思考题】

一、填空题

1．非屏蔽双绞线是综合布线系统和通信系统中最常用的传输介质，可用于_____、_____、音频、呼叫系统及楼宇自动控制系统。

2．6 类双绞线线缆的最高频率带宽为_____，最高传输速率为_____。

3．双绞线的电气特性参数中，_____是指信号传输时在一定长度的线缆中的损耗，是一个信号损失的度量，_____是指信号从信道的一端到达另一端所需要的时间。

4．网络传输介质有_____、同轴电缆、_____和无线传输 4 种。

5．综合布线器材包括各种规格的_____、_____、桥架、机柜、面板与底盒、理线扎带和辅助材料等。

6．多模光纤的纤芯标称直径为_____ μm 或_____ μm，其标称波长为_____ nm 和_____ nm；单模光纤的纤芯标称直径为_____ μm 或_____ μm，其标称波长为_____ nm 和_____ nm。

7．与单模相比，多模光纤的传输距离_____，总体成本_____。

二、选择题

1．综合布线一般采用（　　）类型的拓扑结构。

    A．总线型　　　　　　B．扩展树形　　　　　　C．环形　　　　　　　　D．分层星形

2．工作区子系统设计中，信息模块的类型、对应速率和应用，错误的描述是（　　）。

    A．3 类信息模块支持 16Mbps 信息传输，适合语音应用

    B．5 类信息模块支持 1000Mbps 信息传输，适合语音、数据和视频应用

    C．超 5 类信息模块支持 1000Mbps 信息传输，适合语音、数据和视频应用

    D．6 类信息模块支持 1000Mbps 信息传输，适合语音、数据和视频应用

3．非屏蔽双绞线电缆用色标来区分不同的线，计算机网络系统中常用的 4 对电缆有四种本色，它们是（　　）。

A. 蓝色、橙色、绿色和紫色　　　　B. 蓝色、红色、绿色和棕色

C. 蓝色、橙色、绿色和棕色　　　　D. 白色、橙色、绿色和棕色

4. 28U 的机柜高度为(　　)m。

　A. 1.0　　　　　B. 1.2　　　　　C. 1.4　　　　　D. 1.6

5. 根据 TIA/EIA 568-A 规定,多模光纤在 1300mm 的最大损耗为(　　)dB。

　A. 1.5　　　　　B. 2.0　　　　　C. 3.0　　　　　D. 3.75

6. 交叉线缆适用于下面(　　)场合。

　A. 交换机普通端口—交换机普通端口

　B. 路由器以太网电口—交换机普通端口

　C. 交换机级联口—交换机普通端口

　D. 交换机普通端口—计算机网卡

7. 光缆是数据传输中最有效的一种传输介质,它有(　　)优点。

　A. 频带较宽　　　　　　　　　　B. 电磁绝缘性能好

　C. 衰减较小　　　　　　　　　　D. 布线灵活

8. 以 SC 型连接器为基础研发的世界上最小的单芯光纤连接器是(　　)。

　A. FC 型光纤连接器　　　　　　B. LC 型光纤连接器

　C. MU 型光纤连接器　　　　　　D. ST 型光纤连接器

三、简答题

1. 常见的网络传输介质有哪些?它们一般应用在综合布线系统中的哪些子系统中?

2. 屏蔽双绞线和非屏蔽双绞线在性能和应用上有什么区别?

3. 试比较双绞线和光缆的优缺点。

4. 配线架的作用是什么?它有哪些类型?

5. 连接器的作用是什么?它有哪些类型?

6. 综合布线系统中有哪些常用的工具?

7. 请写出 TIA/EIA 568-B 的线序。

8. 简述产品选型原则。

9. 简述光纤通信系统的组成。

项目 3　设计综合布线系统

综合布线工程设计是指在现有的经济和技术条件下,根据建筑物的使用要求,按照国际和国内布线标准,对智能建筑进行的工程设计。它不仅需要充分考虑用户的当前需求,同时要合理规划未来的信息技术发展需要。综合布线工程设计的内容涉及用户需求调研、系统结构设计、产品选型、确定布线路由和方案实施细则、施工图绘制、概预算编制和设计文档的编写等。

一、教学目标

【知识目标】

1. 了解综合布线标准。
2. 了解综合布线工程。
3. 掌握综合布线系统设计方法。
4. 掌握综合布线系统方案设计书的编制方法和格式。

【技能目标】

1. 能查阅并使用综合布线国家标准。
2. 能够对综合布线工程进行规划。
3. 能独立设计综合布线工程项目。
4. 能编制综合布线系统设计书。

二、工作任务

1. 调研国家标准对综合布线的要求。
2. 调研综合布线在工程项目中的应用。
3. 学习综合布线系统设计。

模块 1　认识综合布线标准

图纸是工程师的语言,标准是工程图纸的语法。本模块的教学任务就是学习和掌握有关综合布线技术国家标准、技术白皮书以及相关设计图册知识。

一、教学目标

【知识目标】

1. 了解综合布线国家标准。

2. 了解综合布线相关技术白皮书。

【技能目标】

1. 熟悉《综合布线系统工程设计规范》(GB 50311—2007)和《综合布线系统工程验收规范》(GB 50312—2007)两个国家标准的主要内容。

2. 能描述综合布线相关技术白皮书应用范围。

二、工作任务

学习和掌握综合布线标准。

三、相关知识点

(一) 标准的重要性和分类

1. 标准的重要性

综合布线工程的设计是智能建筑的重要组成部分,直接影响建筑物的使用功能,也直接影响工程总造价和工程质量。因此,在实际工程项目设计中,设计人员必须依据相关国家标准和地方标准等进行设计。丰富的设计经验不仅能够保障智能建筑的使用功能,也能提高建筑物的智能化应用水平和管理水平,还能够提高设计速度和效率。

图纸等设计文件中使用的图形符号一般遵照相关设计图册里面的用法来使用统一的图形符号。设计图纸是给建筑单位、业主和技术人员阅读的技术文件,必须让大家能够看懂,这一点非常重要。俗话说"图纸是工程师的语言",就是这个道理。作者认为"工程标准就是工程图纸的语法"、"设计图册就是典型语句"。因此,一个合格的设计师应该非常熟悉这些标准和图册,也必须能够熟练应用这些标准和图册。

2. 标准的分类

综合布线工程常用的技术标准一般有中国国家标准、技术白皮书、设计图册等技术文件。近年来,我国非常重视国家标准的编写和发布,在网络技术领域和综合布线系统行业已经建立了比较完善的国家标准和技术白皮书体系,有与国际标准对应的国家标准。

在实际综合布线系统工程中,各国都是参照国际标准,制定出适合自己国家的国家标准。因此,下面简单对国际标准进行阐述,然后重点介绍我国综合布线行业的国家标准。

(二) 综合布线系统标准

1. 综合布线系统主要国际标准

最早的综合布线标准起源于美国,1991 年美国国家标准协会制定了 TIA/EIA 568 民用建筑线缆标准,经改进后于 1995 年 10 月正式将 TIA/EIA 568 修订为 TIA/EIA 568-A 标准。国际标准化组织/国际电工技术委员会(ISO/IEC)于 1988 年开始,在美国国家标准协会制定的有关综合布线标准基础上修改,1995 年 7 月正式公布"ISO/IEC 11801:1995(E)"《信息技术——用户建筑物综合布线》,作为国际标准,供各个国家使用。随后,英国、法国、德国等国联合于 1995 年 7 月制定了欧洲标准(EN 50173),供欧洲一些国家使用。

目前常用的综合布线国际标准有。

- 国际布线标准"ISO/IEC 11801：1995（E）"《信息技术——用户建筑物综合布线》

国际标准 ISO/IEC 11801 是由联合技术委员会 ISO/IEC JTC1 的 SC 25/WG 3 工作组在 1995 年制定发布的,这个标准把有关元器件和测试方法归入国际标准。

- 欧洲标准 EN 50173《建筑物布线标准》
- 美国国家标准协会 TIA/EIA 568-A《商业建筑物电信布线标准》
- 美国国家标准协会 TIA/EIA 569-A《商业建筑物电信布线路径及空间距标准》
- 美国国家标准协会 TIA/EIA TSB-67《非屏蔽双绞线布线系统传输性能现场测试规范》
- 美国国家标准协会 TIA/EIA TSB-72《集中式光缆布线准则》
- 美国国家标准协会 TIA/EIA TSB-75《大开间办公环境的附加水平布线惯例》

各国制定的标准侧重点不同,美洲一些国家制定的标准没有提及电磁干扰方面内容,国际布线标准提及一部分但不全面,而欧洲一些国家制定的标准很注重解决电磁干扰的问题。因此美洲一些国家制定的标准要求使用非屏蔽双绞线及相关连接器件,而欧洲一些国家制定的标准则要求使用屏蔽双绞线及相关连接器件。

2. 综合布线系统中主要的中国标准

我国综合布线系统工程的设计和验收系列标准、建筑及居住区数字化技术应用系列标准、信息技术住宅通用布缆规范系列标准等的编制,规范和指导了智能化建筑及数字化社区的建设,提高了工程设计和施工的质量,维护了消费者利益。

中国综合布线行业标准的制订由住房和城乡建设部负责和立项,中国工程建设标准化协会组织编写,住房和城乡建设部与国家质量监督检验检疫总局联合发布。2007 年 4 月 6 日发布正式的国家标准 GB 50311—2007《综合布线系统工程设计规范》和 GB 50312—2007《综合布线系统工程验收规范》。

2008 年以来,中国工程建设标准化协会信息通信专业委员会综合布线工作组又连续发布了下列技术白皮书,以满足综合布线技术的快速发展和市场需求。

中国《综合布线系统管理与运行维护技术白皮书》在 2009 年 6 月发布。

中国《数据中心布线系统设计与施工技术白皮书(第 2 版)》在 2010 年 10 月发布。

中国《屏蔽布线系统设计与施工检测技术白皮书》在 2009 年 6 月发布。

中国《光纤配线系统设计与施工技术白皮书》等,在 2008 年 10 月发布。

2010 年又启动了修订和上报为国家标准的工作,将对上述技术白皮书进行修订,准备上升为国家标准,以满足技术发展和行业规范的需要。

与综合布线技术密切相关的智能化系统国家标准由全国信息技术标准化技术委员会与住房和城乡建设部标准定额研究所归口和立项,相关协会组织编写,住房和城乡建设部与国家质量监督检验检疫总局联合发布。

建筑及居住区数字化技术应用系列标准是面向建筑及居住社区的数字化技术应用服务,规范建立了包括通信系统、信息系统、监控系统的数字化技术应用平台,分别从硬件、软件和系统的角度,制定了相应的可操作的技术检测要求。并且在基础名词术语定义、系统总体结构、设备配置、系统技术参数和指标要求以及信息系统安全等方面,保持兼容和协调一致。2006 年已经发布了下列标准。

GB/T 20299.1—2006《建筑及居住区数字化技术应用 第 1 部分：系统通用要求》。

GB/T 20299.2—2006《建筑及居住区数字化技术应用 第 2 部分：检测验收》。

GB/T 20299.3—2006《建筑及居住区数字化技术应用 第 3 部分：物业管理》。

GB/T 20299.4—2006《建筑及居住区数字化技术应用 第 4 部分：控制网络通信协议应用要求》。

2011 年正式发布《居住区数字系统评价标准》，该标准是上面四个国家标准的评价标准，也就是标准的标准，具有非常重要的意义。

2011 年正式发布《信息技术 住宅通用布缆》。

3. GB 50311—2007《综合布线系统工程设计规范》国家标准简介

中国现在执行的综合布线系统工程设计国家标准为 GB 50311—2007《综合布线系统工程设计规范》，该标准在 2007 年 4 月 6 日以住房和城乡建设部第 619 号公告，由住房和城乡建设部与国家质量监督检验检疫总局联合发布，2007 年 10 月 1 日开始实施。这个标准的最早版本是中国工程建设标准化协会在 1995 年组织编写的 CECS 72—95《建筑与建筑群综合布线系统设计规范》行业标准，1997 年修订后又发布了 CECS 72—97《建筑与建筑群综合布线系统设计规范》，2000 年修订后颁布为国家推荐标准 GB/T 50311—2000《综合布线系统工程设计规范》，2007 年 4 月 6 日发布为正式国家标准 GB 50311—2007《综合布线系统工程设计规范》。

该标准共分为 8 章。第 1 章为"总则"，第 2 章为"术语和符号"，第 3 章为"系统设计"，第 4 章为"系统配置设计"，第 5 章为"系统指标"，第 6 章为"安装工艺要求"，第 7 章为"电气防护及接地"，第 8 章为"防火"。

下面列举第 3 章内容。

第 3 章 系统设计

3.1 综合布线系统设计

1. 综合布线系统构成

如图 3-1 所示为网络综合布线工程教学模型，图中清楚地展示了 7 个子系统。

综合布线系统应为开放式网络拓扑结构，应能支持语音、数据、图像、多媒体业务等信息的传递，综合布线系统工程宜按下列七个部分进行设计。

工作区：一个独立的需要设置终端设备(TE)的区域宜划分为一个工作区。工作区应由配线子系统的信息插座模块(TO)延伸到终端设备处的连接缆线及适配器组成。

配线子系统：配线子系统应由工作区的信息插座模块、信息插座模块至电信间配线设备(FD)的配线电缆和光缆、电信间的配线设备及设备缆线和跳线等组成。

干线子系统：干线子系统应由设备间至电信间的干线电缆和光缆，以及安装在设备间的建筑物配线设备(BD)及设备缆线和跳线组成。

建筑群子系统：建筑群子系统应由连接多个建筑物之间的主干电缆和光缆、建筑群配线设备(CD)及设备缆线和跳线组成。

设备间：设备间是在每幢建筑物的适当地点进行网络管理和信息交换的场地。对于综合布线系统工程设计，设备间主要安装建筑物配线设备。电话交换机、计算机主机设备及入口设施也可与配线设备安装在一起。

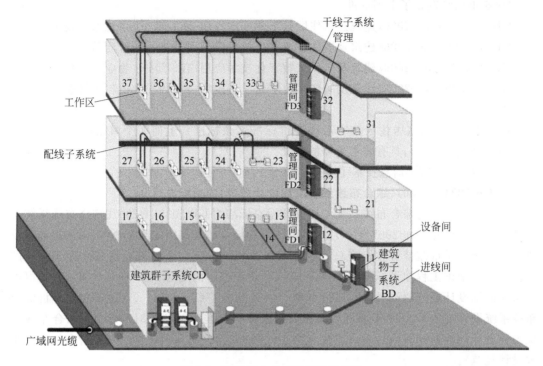

图 3-1　网络综合布线工程教学模型

　　进线间：进线间是建筑物外部通信和信息管线的入口部位，并可作为入口设施和建筑群配线设备的安装场地。

　　管理：管理应对工作区、电信间、设备间、进线间的配线设备、缆线、信息插座模块等设施按一定的模式进行标识和记录。

　　综合布线系统的构成应符合以下要求。

　　(1) 综合布线系统基本构成应符合如图 3-2 所示的要求。

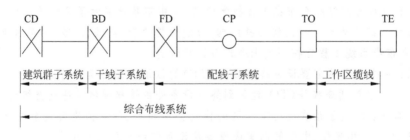

图 3-2　综合布线系统基本构成

注：配线子系统中可以设置集合点(CP 点)，也可以不设置集合点。

　　(2) 综合布线子系统构成应符合如图 3-3 所示的要求。

　　(3) 综合布线系统入口设施及引入缆线构成应符合如图 3-4 所示的要求。

　　2. 系统分级与组成

　　(1) 综合布线铜缆系统的分级与类别划分应符合表 3-1 的要求。

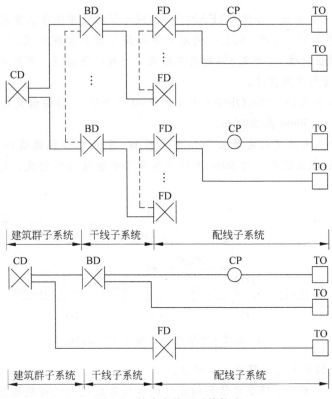

图 3-3　综合布线子系统构成

注 1：图中的虚线表示 BD 与 BD 之间、FD 与 FD 之间可以设置主干缆线。

注 2：建筑物 FD 可以经过主干缆线直接连接至 CD，TO 也可以经过水平缆线直接连接至 BD。

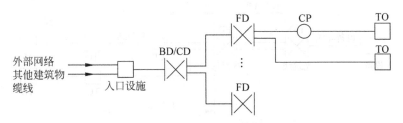

图 3-4　综合布线系统引入部分构成

注：对设置了设备间的建筑物，设备间所在楼层的 FD 可以和设备中的 BD/CD 及入口设施安装在同一场地。

表 3-1　铜缆布线系统的分级与类别

系统分级	支持带宽	支持应用器件	
		电　缆	连接硬件
A	100kHz		
B	1MHz		
C	16MHz	3 类	3 类
D	100MHz	5/5e 类	5/5e 类
E	250MHz	6 类	6 类
F	600MHz	7 类	7 类

注：3 类、5/5e 类（超 5 类）、6 类、7 类布线系统应能支持向下兼容的应用。

2010 年中国综合布线工作组 CTEAM 发布的《中国综合布线市场发展报告》中显示,在数据中心市场调查的用户中有 26.5% 的用户使用超 5 类双绞线电缆,70.2% 的用户使用 6 类和 6 A 类双绞线电缆,还有 3.3% 的用户使用 7 类双绞线电缆。可见 6 类线的使用已经普及,7 类线也正为用户所接受。

(2) 光纤信道分为 OF-300、OF-500 和 OF-2000 三个等级,各等级光纤信道支持的应用长度不应小于 300m、500m 及 2000m。

(3) 综合布线系统信道应由最长 90m 水平缆线、最长 10m 的跳线和设备缆线及最多 4 个连接器件组成,永久链路则由 90m 水平缆线及 3 个连接器件组成。连接方式如图 3-5 所示。

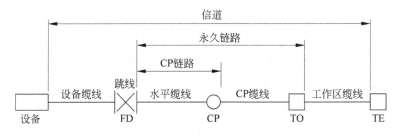

图 3-5　布线系统信道、永久链路、CP 链路构成

(4) 光纤信道构成方式应符合以下要求。

水平光缆和主干光缆至楼层电信间的光纤配线设备应通过光纤跳线连接,连接方式如图 3-6 所示。

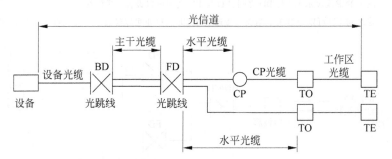

图 3-6　光纤信道构成(一)(光缆通过电信间 FD 光跳线连接)

水平光缆和主干光缆在楼层电信间应经熔接或机械连接构成,如图 3-7 所示。

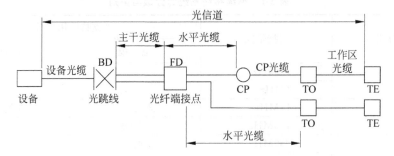

图 3-7　光纤信道构成(二)(光缆在电信间 FD 做端接)
注:FD 只设光纤之间的连接点。

水平光缆经过电信间直接连至大楼设备间光配线设备构成,如图3-8所示。

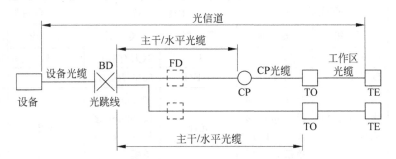

图3-8 光纤信道构成(三)(光缆经过电信间FD直接连接至设备间BD)

注:FD安装于电信间,只作为光缆路径的场合。

(5)当工作区用户终端设备或某区域网络设备需直接与公用数据网进行互通时,宜将光缆从工作区直接布放至电信入口设施的光配线设备。

3. 缆线长度划分

综合布线系统水平缆线与建筑物主干缆线及建筑群主干缆线所构成信道的总长度不应大于2000m。

建筑物或建筑群配线设备之间(FD与BD、FD与CD、BD与BD、BD与CD)组成的信道出现4个连接器件时,主干缆线的长度不应小于15m。

配线子系统各缆线长度应符合如图3-9所示的划分,并应符合下列要求。

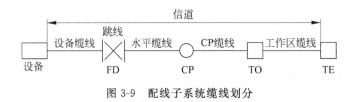

图3-9 配线子系统缆线划分

(1)配线子系统信道的最大长度不应大于100m。

(2)工作区设备缆线、电信间配线设备的跳线和设备缆线之和不应大于10m,当大于10m时,水平缆线长度(90m)应适当减少。

(3)楼层配线设备(FD)跳线、设备缆线及工作区设备缆线各自的长度不应大于5m。

3.2 系统应用

同一布线信道及链路的缆线和连接器件应保持系统等级与阻抗的一致性。

综合布线系统工程的产品类别及链路、信道等级确定应综合考虑建筑物的功能、应用网络、业务终端类型、业务的需求及发展、性能价格、现场安装条件等因素,应符合表3-2的要求。

3.3 屏蔽布线系统

综合布线区域内存在的电磁干扰场强高于3V/m时,宜采用屏蔽布线系统进行防护。

用户对电磁兼容性有较高的要求(电磁干扰和防信息泄露)时,或网络安全保密的需要,宜采用屏蔽布线系统。

表 3-2　布线系统等级与类别的选用

业务种类	配线子系统		干线子系统		建筑群子系统	
	等　级	类　别	等　级	类　别	等　级	类　别
语音	D/E	5e/6	C	3(大对数)	C	3(室外大对数)
数据	D/E/F	5e/6/7	D/E/F	5e/6/7(4 对)		
	光纤（多模或单模）	$62.5\mu m$ 多模/$50\mu m$ 多模/$<10\mu m$ 单模	光纤	$62.5\mu m$ 多模/$50\mu m$ 多模/$<10\mu m$ 单模	光纤	$62.5\mu m$ 多模/$50\mu m$ 多模/$<1\mu m$ 单模

采用非屏蔽布线系统无法满足现场条件对缆线的间距要求时,宜采用屏蔽布线系统。

屏蔽布线系统采用的电缆、连接器件、跳线、设备电缆都应是屏蔽的,并应保持屏蔽层的连续性。

3.4　开放型办公室布线系统

办公楼、综合楼等商用建筑物或公共区域大开间的场地,由于其使用对象数量的不确定性和流动性等因素,宜按开放办公室综合布线系统要求进行设计,并应符合下列规定。

(1) 采用多用户信息插座时,每一个多用户插座包括适当的备用量在内,宜能支持 12 个工作区所需的 8 位模块通用插座;各段缆线长度可按表 3-3 选用,也可按下式计算。

$$C = (102 - H)/1.2$$
$$W = C - 5$$

式中,$C = W + D$——工作区电缆、电信间跳线和设备电缆的长度之和。

D——电信间跳线和设备电缆的总长度。

W——工作区电缆的最大长度,且 $W \leqslant 22m$。

H——水平电缆的长度。

表 3-3　各段缆线长度限值

电缆总长度(m)	水平布线电缆 H(m)	工作区电缆 W(m)	电信间跳线和设备电缆 D(m)
100	90	5	5
99	85	9	5
98	80	13	5
97	75	17	5
97	70	22	5

(2) 采用集合点时,集合点配线设备与 FD 之间水平线缆的长度应大于 15m。集合点配线设备容量宜以满足 12 个工作区信息点需求设置。同一个水平电缆路由不允许超过一个集合点(CP);从集合点引出的 CP 线缆应终接于工作区的信息插座或多用户信息插座上。多用户信息插座和集合点的配线设备应安装于墙体或柱子等建筑物固定的位置。

3.5 工业级布线系统

工业级布线系统应能支持语音、数据、图像、视频、控制等信息的传递,并能应用于高温、潮湿、电磁干扰、撞击、振动、腐蚀气体、灰尘等恶劣环境中。

工业布线应用于工业环境中具有良好环境条件的办公区、控制室和生产区之间的交界场所、生产区的信息点,工业级连接器件也可应用于室外环境中。

在工业设备较为集中的区域应设置现场配线设备。

工业级布线系统宜采用星形网络拓扑结构。

工业级配线设备应根据环境条件确定 IP 的防护等级。

3.6 综合布线系统配置设计

(1) 工作区

工作区适配器的选用宜符合下列规定。

① 设备的连接插座应与连接电缆的插头匹配,不同的插座与插头之间应加装适配器。

② 在连接使用信号的数模转换,光、电转换,数据传输速率转换等相应的装置时,采用适配器。

③ 对于网络规程的兼容,采用协议转换适配器。

④ 各种不同的终端设备或适配器均安装在工作区的适当位置,并应考虑现场的电源与接地。

⑤ 每个工作区的服务面积,应按不同的应用功能确定。

(2) 配线子系统

根据工程提出的近期和远期终端设备的设置要求,用户性质、网络构成及实际需要确定建筑物各层需要安装信息插座模块的数量及其位置,配线应留有扩展余地。

配线子系统缆线应采用非屏蔽或屏蔽 4 对对绞电缆,在需要时也可采用室内多模或单模光缆。每一个工作区信息插座模块(电、光)数量不宜少于 2 个,并满足各种业务的需求。

底盒数量应以插座盒面板设置的开口数确定,每一个底盒支持安装的信息点数量不宜大于 2 个。光纤信息插座模块安装的底盒大小应充分考虑到水平光缆(2 芯或 4 芯)终接处的光缆盘留空间和满足光缆对弯曲半径的要求。

(3) 干线子系统

干线子系统所需要的电缆总对数和光纤总芯数,应满足工程的实际需求,并留有适当的备份容量。主干缆线宜设置电缆与光缆,并互相作为备份路由。干线子系统主干缆线应选择较短的安全的路由。主干电缆宜采用点对点终接,也可采用分支递减终接。

(4) 建筑群子系统

CD 宜安装在进线间或设备间,并可与入口设施或 BD 合用场地。

CD 配线设备内、外侧的容量应与建筑物内连接 BD 配线设备的建筑群主干缆线容量及建筑物外部引入的建筑群主干缆线容量相一致。

(5) 设备间

在设备间内安装的 BD 配线设备干线侧容量应与主干缆线的容量相一致。设备侧的容量应与设备端口容量相一致或与干线侧配线设备容量相同。

BD 配线设备与电话交换机及计算机网络设备的连接方式应符合电信间 FD 与电话交换配线及计算机网络设备之间的连接方式相关规定。

（6）进线间

建筑群主干电缆和光缆、公用网和专用网电缆、光缆及天线馈线等室外缆线进入建筑物时，应在进线间成端转换成室内电缆、光缆，并在缆线的终端处可由多家电信业务经营者设置入口设施，入口设施中的配线设备应按引入的电、光缆容量配置。

电信业务经营者在进线间设置安装的入口配线设备应与 BD 或 CD 之间敷设相应的连接电缆、光缆，实现路由互通。缆线类型和容量应与配线设备相一致。

外部接入业务及多家电信业务经营者缆线接入的需求，并应留有 2～4 孔的余量。

（7）管理

对设备间、电信间、进线间和工作区的配线设备、缆线、信息点等设施应按一定的模式进行标识和记录。

4. GB 50312—2007《综合布线系统工程验收规范》国家标准简介

中国现在执行的综合布线系统工程验收国家标准为 GB 50312—2007《综合布线系统工程验收规范》，在 2007 年 4 月 6 日颁布，2007 年 10 月 1 日开始执行。这个标准的最早版本是中国工程建设标准化协会在 1997 年发布的 CECS 89—97《建筑与建筑群综合布线系统工程施工验收规范》，2000 年修订后颁布为国家推荐标准 GB/T 50312—2000《综合布线系统工程验收规范》，2007 年 4 月 6 日发布为正式国家标准 GB 50312—2007《综合布线系统工程验收规范》。

该标准共分为 9 章，第 1 章为"总则"，第 2 章为"环境检查"，第 3 章为"器材及测试仪表工具检查"，第 4 章为"设备安装检验"，第 5 章为"缆线的敷设和保护方式检验"，第 6 章为"缆线终接"，第 7 章为"工程电气测试"，第 8 章为"管理系统验收"，第 9 章为"工程验收"。

为了提高综合布线工程验收合格率，保证工程质量，我们对该标准部分章节内容进行介绍。

第 1 章　总则

为统一建筑与建筑群综合布线系统工程施工质量检查、随工检验和竣工验收等工作的技术要求，特制定本规范。

本规范适用于新建、扩建和改建建筑与建筑群综合布线系统工程的验收。

综合布线系统工程实施中采用的工程技术文件、承包合同文件对工程质量验收的要求不得低于本规范规定。

在施工过程中，施工单位必须执行本规范有关施工质量检查的规定。建设单位应通过工地代表或工程监理人员加强工地的随工质量检查，及时组织隐蔽工程的检验和验收。

综合布线系统工程应符合设计要求，工程验收前应进行自检测试、竣工验收测试工作。

综合布线系统工程的验收，除应符合本规范外，还应符合国家现行有关技术标准、规范的规定。

第 2 章　环境检查

工作区、电信间、设备间的检查应包括下列内容。

（1）工作区、电信间、设备间土建工程已全部竣工。房屋地面平整、光洁，门的高度和宽度应符合设计要求。

（2）房屋预埋线槽、暗管、孔洞和竖井的位置、数量、尺寸均应符合设计要求。

(3) 铺设活动地板的场所，活动地板防静电措施及接地应符合设计要求。

(4) 电信间、设备间应提供220V带保护接地的单相电源插座。

(5) 电信间、设备间应提供可靠的接地装置，接地电阻值及接地装置的设置应符合设计要求。

(6) 电信间、设备间的位置、面积、高度、通风、防火及环境温、湿度等应符合设计要求。

建筑物进线间及入口设施的检查应包括下列内容。

(1) 引入管道与其他设施如电气、水、煤气、下水道等的位置间距应符合设计要求。

(2) 引入缆线采用的敷设方法应符合设计要求。

(3) 管线入口部位应符合设计要求，并采取排水及防止气、水、虫等进入的措施。

(4) 进线间的位置、面积、高度、接地、防火、防水等应符合设计要求。

(5) 有关设施的安装方式应符合设计文件规定的抗震要求。

第3章 器材及测试仪表工具检查

(1) 器材检验应符合相关设计要求，并且具有相应的质量文件或证书。

(2) 配套型材、管材与铁件的检查应符合相关设计要求和产品标准。

(3) 缆线的检验应符合相关设计要求和标准规定。

(4) 连接器件的检验应符合相关设计规定和标准要求。

(5) 配线设备的使用应符合相关设计规定和标准要求。

(6) 测试仪表和工具的检验应符合相关标准要求，并且附有检测机构证明文件。

第4~6章(略)

第7章 工程电气测试

综合布线工程电气测试包括电缆系统电气性能测试及光纤系统性能测试。各测试结果应有详细记录，作为竣工资料的一部分。

第8章 管理系统验收

管理系统验收主要包含以下几个方面的内容。

(1) 综合布线管理系统。

(2) 综合布线管理系统的标识符与标签。

(3) 综合布线系统各个组成部分的管理信息记录和报告。

综合布线系统工程如采用布线工程管理软件和电子配线设备组成的系统进行管理和维护工作，应按专项系统工程进行验收。

5.《数据中心布线系统设计与施工技术白皮书》

该白皮书是对前面介绍过的 GB 50311—2007《综合布线系统工程设计规范》和 GB 50312—2007《综合布线系统工程验收规范》关于数据中心系统设计和施工技术的完善和补充。该白皮书由中国工程建设标准化协会信息通信专业委员会综合布线工作组编制，第 1 版在 2008 年 7 月发布，第 2 版在 2010 年 10 月发布。共分为 7 章，第 1 章为"引言"，第 2 章为"术语"，第 3 章为"概述"，第 4 章为"布线系统设计"，第 5 章为"布线系统设计与测试"，第 6 章为"布线配置案例"，第 7 章为"热点问题"。

该白皮书的研究范围是为数据中心的设计和使用者提供最佳的数据中心结构化布线规划、设计及实施指导，详细地阐述了面向未来的数据中心结构化布线系统的规划思路、设计方法和实施指南。

该白皮书引用了国内外数据中心相关标准,着重针对数据中心布线系统的构成和拓扑结构、产品组成、方案配置设计步骤、安装工艺设计、安装实施及测试等几个方面进行了全方位的解读。还针对最新的布线及网络领域技术发展趋势,引入一些前瞻性的设计理念。同时该白皮书还根据用户的需求反馈,制作了一系列实用的设计表单和设计案例,帮助使用者有机地把标准和实际应用结合起来,大大增加了数据中心布线设计实施的可操作性。

6.《屏蔽布线系统设计与施工检测技术白皮书》

该白皮书是对前面介绍过的 GB 50311—2007《综合布线系统工程设计规范》和 GB 50312—2007《综合布线系统工程验收规范》关于屏蔽布线系统设计和施工检测技术的完善和补充。该白皮书由中国工程建设标准化协会信息通信专业委员会综合布线工作组编制,并且在 2009 年 6 月发布。共分为 8 章,第 1 章为"引言",第 2 章为"术语",第 3 章为"屏蔽布线系统的技术要求",第 4 章为"布线系统的接地",第 5 章为"产品介绍及产品特点",第 6 章为"安装设计与施工要点",第 7 章为"屏蔽布线系统的测试与验收",第 8 章为"热点问题"。

7.《光纤配线系统设计与施工技术白皮书》

该白皮书是对 GB 50311—2007《综合布线系统工程设计规范》和 GB 50312—2007《综合布线系统工程验收规范》关于光纤配线系统设计和施工技术的完善和补充。集成了国内外最新技术,以图文并茂的方式全面系统地详细介绍了最新的光纤配线系统的设计和安装施工技术,对于光纤配线系统工程具有实际指导意义。

该白皮书由中国工程建设标准化协会信息通信专业委员会综合布线工作组编制,并且在 2009 年 10 月发布。

共分为 8 章,第 1 章为"引言",第 2 章为"术语",第 3 章为"光纤配线系统的设计",第 4 章为"光纤产品组成与技术要求",第 5 章为"产品选择和系统配置",第 6 章为"安装设计与施工",第 7 章为"光纤系统的测试",第 8 章为"热点问题"。

8.《综合布线系统管理与运行维护技术白皮书》

该白皮书是对 GB 50311—2007《综合布线系统工程设计规范》和 GB 50312—2007《综合布线系统工程验收规范》的完善和补充。共分为 10 章,第 1 章为"引言",第 2 章为"参考标准和资料",第 3 章为"术语和缩略词",第 4 章为"管理分级及标识设计",第 5 章为"色码标准",第 6 章为"布线管理的设计",第 7 章为"标识产品",第 8 章为"跳线管理流程",第 9 章为"智能布线管理",第 10 章为"热点问题"。

9.《信息技术 住宅通用布缆》国家标准

该国家标准主要用于满足信息和通信技术(ICT)、广播和通信技术(BCT)以及楼宇内的指令、控制和通信(CCCB)这三种应用的住宅通用布缆,并用于指导新建筑及翻新建筑中布缆的安装。

该标准为中国国家标准化管理委员会在 2007 年第五批国家标准修订计划中下达的《信息技术 住宅通用布缆》国家标准的制订任务(计划编号:20075603-T-469)。在全国信息技术标准化技术委员会领导下,成立了标准制定项目组,项目组召集单位为上海市计量测试技术研究院,主编单位有上海市计量测试技术研究院、西安开元电子实业有限公司等。该标准按照等同采用 ISO/IEC 15018:2004 的原则编制。2010 年 7 月在上海举行了第三次研讨会,10 月完成了征求意见稿,2011 年发布。鉴于该标准在制定阶段,我们根据已经确定的征求意见稿进行简单介绍。该标准用于规范信息和通信技术(ICT)、广播和通信技术(BCT)、楼宇内的指令、控制和通信(CCCB)三种住宅通用布缆系统的应用,如图 3-10 所示。

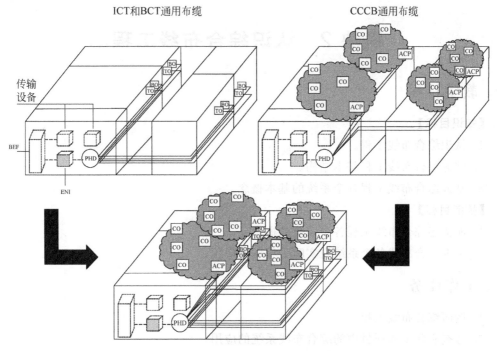

图 3-10　住宅通用布缆系统的应用

根据此标准,通用布缆可实现如下功能。

(1) 无须对固定的布缆基础设施做改动,即可实现广泛的应用部署。

(2) 提供支持连通性移动、变化的平台。

10.《居住区数字系统评价标准》国家标准

该标准为住房和城乡建设部《2005 年工程建设标准制订计划》(建标[2005]81 号)立项,2010 年 6 月 18 日在广州召开了启动会及第一次工作会议,进行了标准编制说明,讨论了编制大纲,分配了编制任务,安排了进度。2010 年 6 月至 8 月为编写阶段,根据标准制订内容、大纲和进度计划的要求,按时开展标准制订内容的编写。9 月至 10 月为征求意见阶段,起草了征求意见稿和条文说明,进入征求意见阶段。2010 年 11 月为送审阶段,在征询结果的基础上,修改送审初稿,专家进行初评审,上报标准稿件及条文说明到主管部门。2010 年 12 月为报批阶段,并在 2011 年发布。该标准由住房和城乡建设部信息中心与 IC 卡应用中心负责主编,参加编写的单位有国家电子计算机质量监督检验中心、西安开元电子实业有限公司等。

四、实践操作

画出 GB 50311—2007《综合布线系统工程设计规范》中规定的综合布线系统构成图。

【复习思考题】

1.《屏蔽布线系统设计与施工检测技术白皮书》的编写目的是什么?

2. 简要介绍住宅光纤配线系统。

3. 说明《综合布线系统管理与运行维护技术白皮书》中定义的四级管理级别。

模块 2　认识综合布线工程

一、教学目标

【知识目标】

1. 认识综合布线工程。

2. 掌握综合布线工程基本结构。

3. 掌握综合布线工程各个系统的基本概念。

【技能目标】

1. 能描述综合布线工程各个系统的概念。

2. 掌握综合布线各个系统在实际工程中的应用。

二、工作任务

1. 调研综合布线工程。

2. 考查实际工程项目中的综合布线系统的应用。

三、相关知识点

为了快速认识综合布线系统,掌握综合布线系统的基本原理和要点,我们以图3-1综合布线工程教学模型为例来讲述。该园区共有2栋建筑,其中1号楼为1栋独立式的网络中心,2号楼为1栋三层结构的智能建筑,实际用途为综合办公楼。

按照 GB 50311—2007《综合布线系统工程设计规范》国家标准规定,在工程设计阶段把综合布线系统工程宜按照以下六个部分进行分解。

(1) 工作区子系统;

(2) 配线子系统;

(3) 垂直子系统;

(4) 建筑群子系统;

(5) 设备间子系统;

(6) 进线间子系统。

我们在这个分解中看到,其中配线子系统包括了水平子系统和管理间子系统,同时在标准中,新增加了进线间子系统,主要是满足不同运营商接入的需要,同时针对日常应用和管理需要,特别提出了综合布线系统工程管理的问题。为了教学和实训需要,同时兼顾以往教学习惯和工程实际划分的习惯,所以我们按照下面七个子系统进行介绍和学习,综合布线工程教学模型如图3-11所示。

图 3-11 综合布线工程教学模型

（一）综合布线各个子系统

1. 工作区子系统

工作区子系统又称为服务区子系统，它是由跳线与信息插座所连接的设备组成。其中信息插座包括墙面型、地面型、桌面型等，如图 3-12 所示为工作区子系统组成和应用案例图。建筑物工作区子系统信息插座如图 3-13 所示。

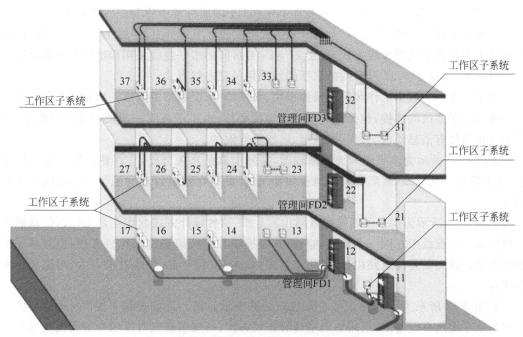

图 3-12 工作区子系统组成和应用案例

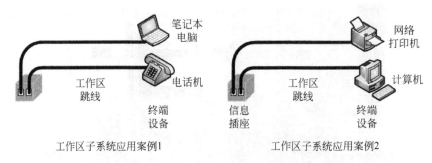

图 3-13　工作区子系统信息插座位置示意图

我们在日常使用网络中,能够看到或者接触到的就是工作区子系统,例如墙面或者地面安装的网络插座,终端设备跳线和计算机。

在 GB 50311《综合布线系统工程设计规范》中,明确规定了综合布线系统工程中"工作区"的基本概念,工作区就是"需要设置终端设备的独立区域"。这里的工作区是指需要安装计算机、打印机、复印机、考勤机等网络终端设备的一个独立区域。在实际工程应用中一个网络插口为一个独立的工作区,也就是一个网络模块对应一个工作区,而不是一个房间为一个工作区,在一个房间往往会有多个工作区。

如果一个插座底盒上安装了一个双口面板和两个网络插座时,标准规定为"多用户信息插座"。在工程实际应用中,为了降低工程造价,通常使用双口插座,有时为双口网络模块,有时为双口语音模块,有时为 1 口网络模块和 1 口语音模块组合成多用户信息插座。

2. 水平子系统

我们可以看到水平子系统在综合布线工程中范围广,距离长,因此非常重要。不仅线管和缆线材料用量大,成本往往占到工程总造价的 50% 以上,而且布线距离长,拐弯多,施工复杂,直接影响工程质量。水平子系统在 GB 50311 国家标准中称为配线子系统,以往资料中也称水平干线子系统,图 3-14 为水平子系统组成和应用案例图,一层 11～17 号房间的水平缆线采用地面暗埋管布线方式,二层 21～27 号房间的水平缆线采用楼道桥架和墙面暗埋管布线方式,三层 31～37 号房间的水平缆线采用吊顶布线方式。

水平子系统一般由工作区信息插座模块、水平缆线、配线架等组成。实现工作区信息插座和管理间子系统的连接,包括所有缆线和连接硬件,水平子系统一般使用双绞线电缆,常用的连接器件有信息模块、面板、配线架、跳线架等附件。

如图 3-15 所示为水平子系统的原理图,实际上就是永久链路,它在建筑物土建阶段埋管,安装阶段首先穿线,然后安装信息模块和面板,最后在楼层管理间机柜内与配线架进行端接。

如图 3-16 所示为水平子系统布线路由示意图,这种设计方式的优点是工作区信息插座与楼层管理间配线架在同一个楼层,穿线、安装模块和配线架端接等比较方便,检测和维护也很方便。缺点就是穿线路由长,使用材料多,成本高,拐弯多,穿线时拉力大,对施工技术要求高。

如图 3-17 所示为另一种水平子系统布线路由示意图。我们看到一层"15 号信息插座 TO"的水平缆线布线路由,采用地面暗埋管布线方式,一层信息点对应的管理间机柜也在一层。二层"25 号信息插座 TO"的水平缆线布线路由采用"垂直竖管＋承重梁＋楼板暗埋管"

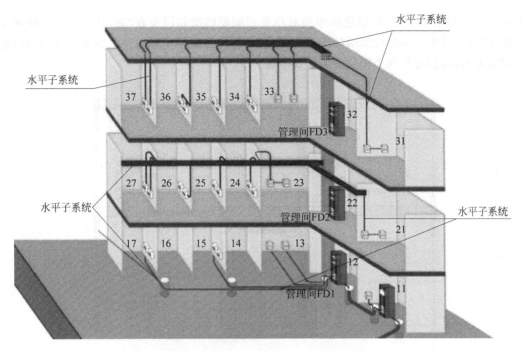

图 3-14 水平子系统组成和应用案例图

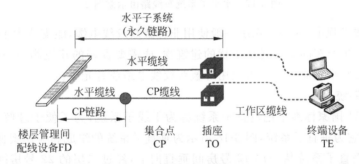

图 3-15 水平子系统原理图

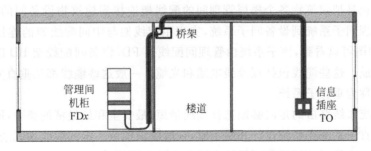

图 3-16 水平子系统布线路由示意图 1

的布线方式,二层信息点对应的管理间机柜不在二层,而是在一层。就整栋楼来说,不仅减少了一个机柜,而且布线路由最短。

对比以上两种布线路由,图 3-17 这种设计方式的优点就是穿线路由比较短,材料用量少,成本低,拐弯少,穿线时拉力也比较小。缺点就是工作区信息插座与楼层管理间配线架不在同一个楼层，一般×层信息插座的对应管理间配线架和设备在"×-1"层。由于跨越了一个楼层，模块安装和配线架端接等不方便，后期检测和维护更不方便。这种布线路由在施工时需要对讲机，方便两个楼层安装人员沟通。

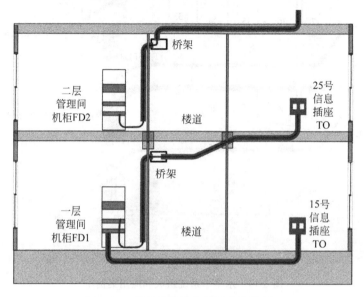

图 3-17　水平子系统布线路由示意图 2

在综合布线工程中，水平子系统一般使用非屏蔽双绞线电缆，能支持大多数现代化通信设备。对于工厂生产车间等有磁场干扰的建筑物，或需要保密的建筑物一般使用屏蔽双绞线电缆。在需要高带宽应用时也可以用屏蔽双绞线电缆或者光缆。

3. 垂直子系统

在 GB 50311 国家标准中把垂直子系统称为干线子系统，为了便于理解和工程行业习惯叫法，仍然称它为垂直子系统，图 3-18 所示为垂直子系统的组成和应用案例，可以看到该教学模型中的垂直子系统从一层 12 号房间垂直向上，经过二层的 22 号房间，到达三层的32 号房间。图 3-19 所示为建筑物竖井中安装的垂直子系统桥架图。

垂直子系统是把建筑物各个楼层管理间的配线架连接到建筑物设备间的配线架，也就是负责连接管理间子系统到设备间子系统，实现主配线架与中间配线架的连接。从图 3-20和图 3-21 原理图可以看到，该子系统由管理间配线架 FD、设备间配线架 BD 以及它们之间连接的缆线组成。这些缆线包括双绞线电缆和光缆。一般这些缆线都是垂直安装的，因此，在工程中通常称为垂直子系统。

垂直子系统布线路由的走向必须选择缆线最短、最安全和最经济的路由，同时考虑未来扩展需要。垂直子系统在系统设计和施工时，一般应该预留一定的缆线做冗余信道，这一点对于综合布线系统的可扩展性和可靠性来说是十分重要的。

4. 管理间子系统

管理间子系统也称为电信间或者配线间，是专门安装楼层机柜、配线架、交换机的楼层管理间。一般设置在每个楼层的中间位置，主要安装建筑物楼层配线设备，管理间子系统也是连接垂直子系统和水平干线子系统的设备。当楼层信息点很多时，可以设置多个管理间。

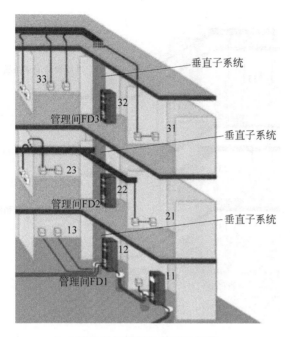

图 3-18　垂直子系统示意图

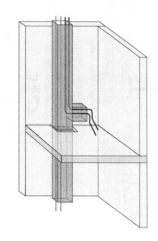

图 3-19　建筑物垂直桥架

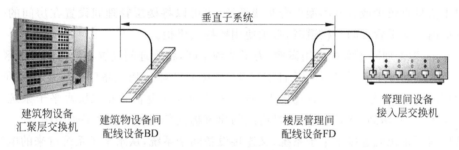

图 3-20　垂直子系统原理图(电缆)

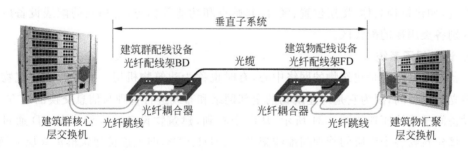

图 3-21　垂直子系统原理图(光缆)

　　新建建筑物弱电设计时应该考虑独立的弱电井,将综合布线系统的楼层管理间设置在弱电井中,每个楼层之间用金属桥架连接,管理间应该有可靠的综合接地排,管理间门宽度大于 0.6m,外开,同时考虑照明和设备电源插座。图 3-22 所示为独立式管理间示意图,图 3-23 所示为管理间子系统应用案例。

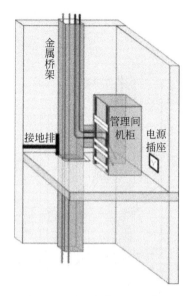

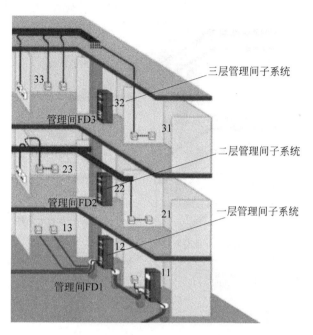

图 3-22　独立式管理间示意图　　　　图 3-23　管理间子系统应用案例

对于信息点较少或者基本型综合布线系统,也可以将楼层管理间设置在房间的一个角或者楼道内。如果管理间在楼道时,必须使用壁挂式机柜。

图 3-23 为管理间子系统应用案例,为了节约空间,将管理间设置在房间的一个区域。

一层管理间位于 12 号房间,并且连接 11 号房间的建筑物设备间和一层水平子系统。二层管理间位于 22 号房间,并且连接 11 号房间的建筑物设备间和二层水平子系统。三层管理间位于 32 号房间,并且连接 11 号房间的建筑物设备间和三层水平子系统。

管理间子系统既连接水平子系统,又连接设备间子系统,从水平子系统过来的电缆全部端接在管理间配线架中,然后通过跳线与楼层接入层交换机连接。因此必须有完整的缆线编号系统,如建筑物名称、楼层位置、区号、起始点和功能等标志,管理间的配线设备应采用色标区别各类用途的配线区。

5. 设备间子系统

设备间子系统就是建筑物的网络中心,有时也称为建筑物机房。一般智能建筑物都有一个独立的设备间,因为它是对建筑物的全部网络和布线进行管理与信息交换的地方。

设备间子系统原理如图 3-24 所示,从图中看到,建筑物设备间配线设备 BD 通过电缆向下连接建筑物各个楼层的管理间配线架 FD1、FD2、FD3,向上连接建筑群汇聚层交换机。

设备间子系统应用案例如图 3-25 所示,设备间位于建筑物一层右侧的 11 号房间,与一层管理间 12 号房间相邻,这样不仅布线距离短,而且维护和管理方便。设备间缆线通过11~12 号房间的地埋管布线到一层管理间,再通过 12~32 号房间的垂直桥架系统分别布线到二层管理间和三层管理间。

综合布线系统设备间的位置设计非常重要,因为各个楼层管理间信息只有通过设备间才能与外界连接和信息交换,也就是全楼信息的出口和入口部位。如果设备间出现故障,将

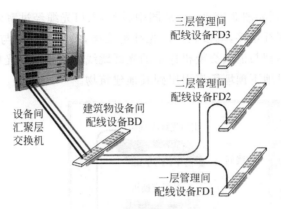

图 3-24　设备间子系统原理图

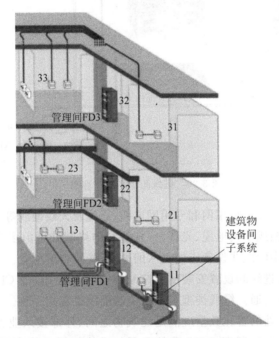

图 3-25　设备间子系统应用案例

会影响全楼信息交流。设备间设计时一般应该预留一定的缆线做冗余信道,这一点对于综合布线系统的可扩展性和可靠性来说是十分重要的。

6. 进线间子系统

进线间是建筑物外部通信和信息管线的入口部位,并可作为入口设施和建筑群配线设备的安装场地。进线间是 GB 50311 国家标准在系统设计内容中专门增加的,要求在建筑物前期系统设计中要增加进线间,满足多家运营商业务需要,避免一家运营商自建进线间后独占该建筑物的宽带接入业务。

进线间一般通过地埋管线进入建筑物内部,宜在土建阶段实施。这是因为进线间子系统涉及建筑物的室外工程,室外往往预埋有污水管、雨水管、上水管、热力管、煤气管、强电管等,在建筑物竣工后很难再次增加弱电管道。

进线间子系统原理如图 3-26 所示,从图中看到,入口光缆经过室外预埋管道,直接布线进入进线间,并且与尾纤熔接,端接到入口光纤配线架,然后用光缆与汇聚交换机连接。出口光缆的连接路由为,把与汇聚交换机连接的光纤跳线端接到出口光纤配线架,然后用尾纤与出口光缆熔接,通过地下预埋管道引出到其他建筑物。

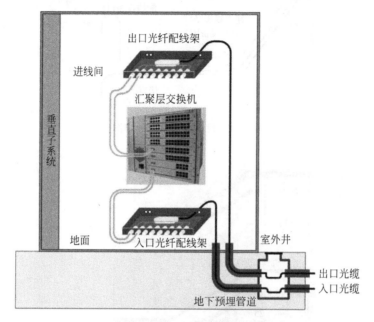

图 3-26 进线间子系统原理图

建筑群主干电缆和光缆、公用网和专用网电缆、光缆及天线馈线等室外缆线进入建筑物时,应在进线间成端转换成室内电缆、光缆,并在缆线的终端处可由多家电信业务经营者设置入口设施,入口设施中的配线设备应按引入的电缆、光缆容量配置。

电信业务经营者在进线间设置安装的入口配线设备应与 BD 或 CD 之间敷设相应的连接电缆、光缆,实现路由互通。缆线类型与容量应与配线设备相一致。

在进线间缆线入口处的管孔数量应满足建筑物之间、外部接入业务及多家电信业务经营者缆线接入的需求,并应留有 2~4 孔的余量。进线间子系统实际应用案例如图 3-27 所示。

7. 建筑群子系统

建筑群子系统也称为楼宇子系统,主要实现建筑物与建筑物之间的通信连接,一般采用光缆并配置光纤配线架等相应设备,它支持楼宇之间通信所需的硬件,包括缆线、端接设备和电气保护装置。设计时应考虑布线系统周围的环境,确定建筑物之间的传输介质和路由,并使线路长度符合相关网络标准规定。图 3-28 所示为建筑群子系统原理图。从图中可以清楚地看到,该园区三栋建筑物之间的建筑群子系统的连接关系。1 号建筑群为园区网络中心,将入园光缆与建筑群光纤配线架连接,然后通过多模光缆跳线连接到核心交换机光口,再通过核心交换机和多模光缆跳线分别连接到 2 号建筑物和 3 号建筑物设备间的光缆跳线架,最后通过多模光缆跳线分别连接到相应的汇聚层交换机。各个建筑物之间通过室外光缆连接。

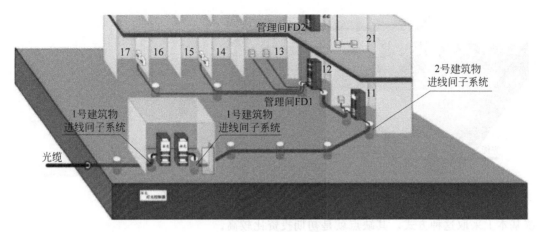

图 3-27 进线间子系统实际应用案例

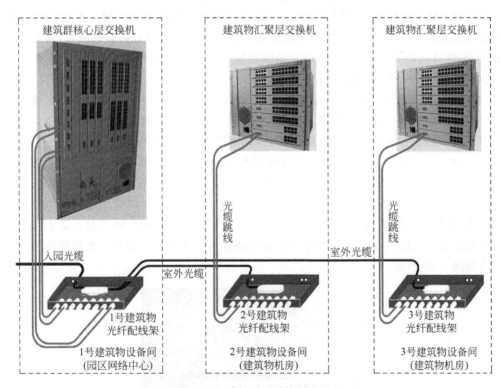

图 3-28 建筑群子系统原理图

在建筑群子系统中室外缆线敷设方式,一般有地下管道、直埋、架空三种情况。下面分别介绍它们的优缺点。

(1)地下管道。在室外工程建设中,首先在地面开挖地沟,然后预布线埋管道,拐弯或者距离很长时在中间增加接线井,方便布线时拐弯或者拉线。两端通过接线井与建筑物进线间贯通。图 3-29 所示为建筑群子系统室外地下管道应用案例。

管道方式的优点是能够对缆线提供比较好的保护,敷设容易,后期更换和维修及扩充比较方便,可以抽出以前的缆线,并更换新的缆线,同时室外也变美观。目前城镇建筑群子系

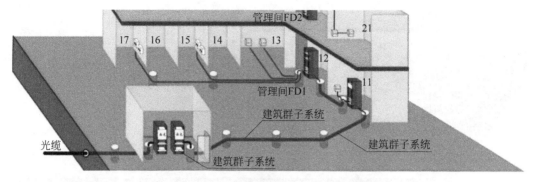

图 3-29　建筑群子系统室外地下管道应用案例

统基本上采取这种方式。其缺点就是初期投资比较高。

（2）直埋。直埋就是将光缆直接埋在地下。首先在地面开挖沟槽,铺设沙子,安放光缆；其次铺设沙子保护光缆,然后铺设一层砖进行保护；最后填埋沟槽。直埋的优点就是前期投资低并且比较美观,以前应用比较普遍。但是这种方式也有明显的缺点,就是无法更换和扩充,维修时需要开挖地面,目前在城镇建筑群子系统中已经很少应用了,仅在长距离的城际网或者要求降低成本的情况下应用。

（3）架空。架空方式成本低、施工快,曾经非常普及,我们现在在园区、路边能够看到很多架空缆线。但是架空方式安全可靠性低、不美观,而且还需要有安装条件和路径。目前各大城市和园区都在开展架空缆线入地工程,因此架空方式一般不采用。

2007 年 4 月 6 日发布的中华人民共和国住房和城乡建设部第 619 号公告明确规定, GB 50311—2007《综合布线系统工程设计规范》国家标准第 7.0.9 条为强制性条文,必须严格执行。第 7.0.9 条内容为"当电缆从建筑物外面进入建筑物时,应选用适配的信号线路浪涌保护器,信号浪涌保护器应符合设计要求"。电缆配置浪涌保护器的目的是防止雷电通过室外电缆线路进入建筑物内部而击穿或者损坏网络系统设备。适合超 5 类系统使用的浪涌保护器如图 3-30 所示。

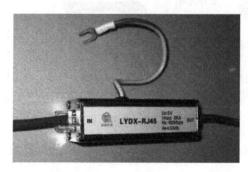

图 3-30　浪涌保护器

（二）引入工程项目

为了以真实工程项目为案例,下面我们以西安开元电子实业有限公司高新区科研生产基地项目为案例介绍综合布线系统工程技术、项目设计与施工安装技术等。同时,介绍综合布线系统所涉及的建筑规划和设计方面的基本知识。

　　综合布线系统是智能建筑的基础设施,网络应用是智能建筑的灵魂。不了解建筑物的基本概况、企业业务、机构设置、生产流程和网络应用等知识,就无法进行规划和设计,也无法正确地施工和管理。

1. 工程项目概况

（1）项目简介

　　公司科研生产基地位于高新技术开发区,占地面积 22 公顷,建筑面积 12000m²。科研生产基地主要从事网络综合布线实训装置的研发与生产。

（2）工程项目总平面图介绍

　　总平面布局如图 3-31 所示,从图中我们可以看到,该厂区位于十字路口,南边为主入口大门,大门东边设计门卫室 1 座,往北依次为研发楼 1 栋、厂房 2 栋。一期三栋建筑物均为东西方向布置,楼间距为 10m,厂区地面南高北低,其中 1 号楼一层地面海拔高度为 464.30m,2 号和 3 号楼一层地面海拔高度为 463.40m,三栋楼的一层地面高度相差 0.9m。在综合布线建筑物子系统设计时必须考虑地面高差问题。

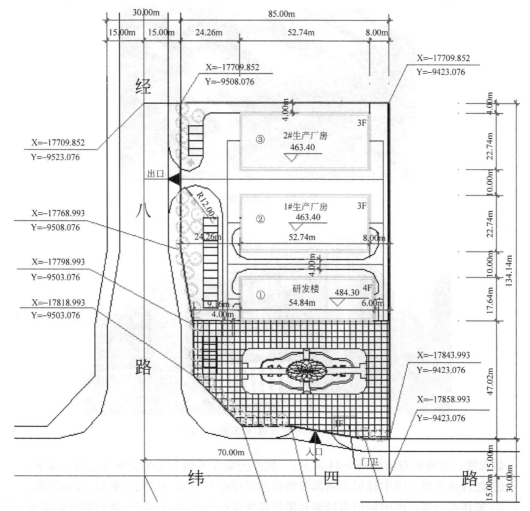

图 3-31　科研生产基地总平面图

建筑物从南向北依次编号,1号建筑物为研发楼,2号建筑物为厂房,3号建筑物为厂房(北边的厂房)。

(3)建筑物和面积介绍

该项目一期工程建设一栋研发楼和两栋厂房,全部为框架结构,总建筑面积为12000m²,其中1号研发楼为地上四层、地下一层,建筑面积为5340m²;2号生产厂房为三层,建筑面积3300m²;3号生产厂房为三层,建筑面积都为3300m²,门卫面积为60m²。

该项目的绿地面积为3112平方米,容积率为0.99,绿化率为29%,建筑密度为32.18%,停车位30辆。如图3-32所示为基地鸟瞰图。

(4)建筑物功能和综合布线系统需求

1号建筑物为研发楼。研发楼设计为五层,其中地上四层,地下一层,每层设计建筑面积为1068m²,总建筑面积为5340m²。研发楼的主要用途为技术研发和新产品试制。其中一层为市场部和销售部,二层为管理层办公室,三层为研发室,四层为新产品试制。1号建筑物(研发楼)立面图如图3-33所示。

图3-32 基地鸟瞰图

图3-33 1号建筑物(研发楼)立面图

研发楼一层功能布局如图3-34所示,一层办公室涉及以下几个类型和信息化需求。

① 经理办公室。图中标记市场部和销售部经理办公室等,有语音、数据、视频需求。

② 集体办公室。图中标记市场部和销售部集体办公室等,有语音、数据和视频需求。

③ 会议室。图中标记有市场部和销售部会议室等,有语音、数据和视频需求。

④ 展室。图中标记有产品展室、公司历史展室,有数据和视频需求。

⑤ 接待室。图中标记有行政部接待室,有语音、数据和视频需求。

⑥ 接待台。接待台位于大厅中间位置,有传真、语音和数据需求。

⑦ 大厅。位于研发楼一层中间位置,有门警控制、电子屏幕、视频播放等需求。

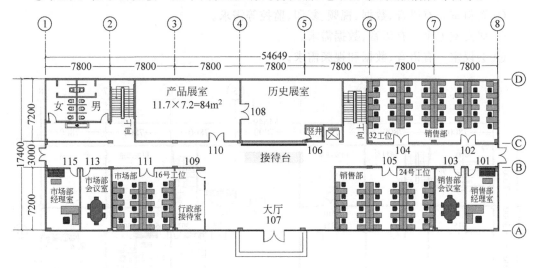

图 3-34　研发楼一层功能布局图

研发楼二层功能布局如图 3-35 所示,二层办公室涉及以下几个类型和信息化需求。

① 董事长经理办公室。有语音、数据、视频等需求。

② 总经理办公室。有语音、数据、视频等需求。

③ 秘书室。有语音、数据、传真、复印等需求。

④ 高管办公室。图中标记有生产副总、财务总监、销售总监、市场总监等办公室,有语音、数据和视频需求。

⑤ 集体办公室。图中标记有市场部、供应部、财务部等办公室,有语音、数据需求。

⑥ 会议室。有语音、数据和视频需求。

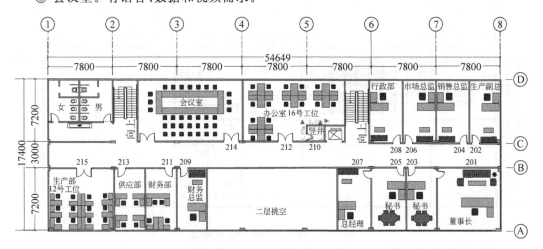

图 3-35　研发楼二层功能布局图

研发楼三层功能布局如图 3-36 所示,三层办公室涉及以下几个类型和信息化需求。

① 总工程师办公室。有语音、数据、视频等需求。

② 技术总监办公室。有语音、数据、视频等需求。

③ 秘书室。有语音、数据、传真、复印等需求。

④ 资料室。有语音、数据、视频、复印、监控等需求。

⑤ 研发室七个。有语音、数据需求。

⑥ 会议室。有语音、数据和视频需求。

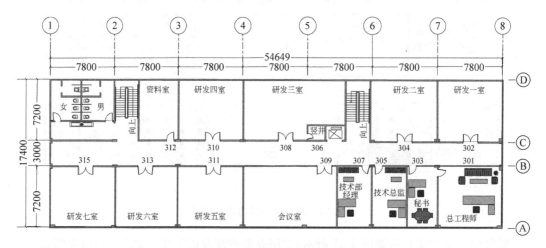

图 3-36　研发楼三层功能布局图

研发楼四层功能布局如图 3-37 所示,四层办公室涉及以下几个类型和信息化需求。

① 办公室。有语音、数据等需求。

② 培训室。有语音、数据、视频、投影、音响等需求。

③ 装配调试室。大开间,有语音、数据、控制等需求。

④ 试制室五个。有语音、数据、视频、复印、监控等需求。

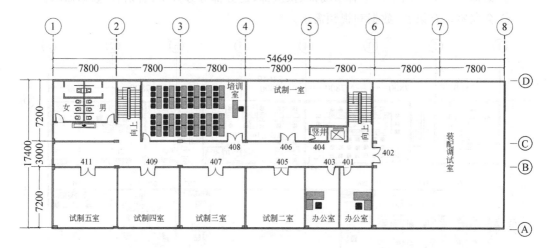

图 3-37　研发楼四层功能布局图

2 号建筑物为生产厂房。2 号楼的立面如图 3-38 所示,共计三层,其中一层高度为 7m,二、三层高度为 3.6m,每层建筑面积约为 1100m²,总建筑面积为 3300m²。

厂房一层主要用途为库房、备货和发货,主要业务有货物入库、登记、保管、报表等入库业务,以及成品备货、封包、出库、发货、报表等出库业务,还有物流报表和管理等物流业务。在一层设置有经理办公室、库管员办公室等。

厂房二、三层主要为教学仪器类产品的电路板焊接、装配、检验、包装等生产业务,每层设置有管理室、技术室、质检室等办公室。

图 3-38　2 号建筑物(厂房)立面图

2 号建筑物二层功能布局如图 3-39 所示。

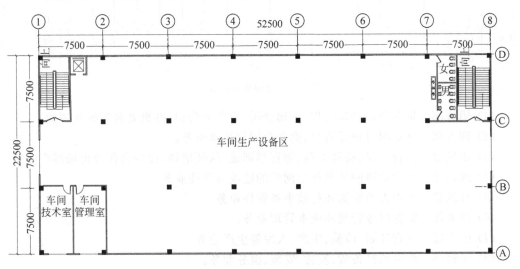

图 3-39　2 号建筑物(厂房)二层功能布局图

从图 3-39 中可以看出 2 号建筑物为生产车间,二层涉及以下几个类型和信息化需求。

① 车间管理室。有语音和数据需求。

② 车间技术室。有语音和数据需求。

③ 生产设备区。车间生产设备有数控设备,需要与车间技术室计算机联网发送数据的需求。

3 号建筑物为生产厂房,共计三层,其中一层高度为 7m,二、三层高度为 3.6m,每层建筑面积约为 1100m²，总建筑面积为 3300m²。

厂房一层主要用途为金属零部件和机箱等的机械加工和钣金生产，安装有大型数控设备，需要与网络连接传输数据。主要有计划、领料、生产、检验、入库等生产管理业务，以及技术管理业务、质量管理业务等。在一层设置有车间主任办公室、车间技术室、车间质检室等，这些办公室都有语音和数据业务需求。

厂房二层主要用途为产品装配、检验、完成包装工序，设置有管理室、技术室、质检室等办公室，这些办公室都有语音和数据业务需求。

厂房三层主要用途为员工宿舍和食堂，设置有宿舍管理员室、员工宿舍、食堂管理员室和食堂等，这些办公室都有语音、数据和视频业务需求。

2. 具体业务和机构设置

科研生产基地的主要业务为教育行业教学实验实训类产品研发和试制、生产和质检、推广和销售、安装和服务、人员培训和管理等。

机构设置如图 3-40 所示。主要机构和职责如下。

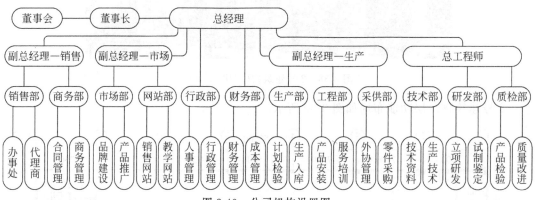

图 3-40　公司机构设置图

(1) 销售部。负责公司产品销售，下属全国 25 个分公司、办事处和当地代理商。

(2) 商务部。负责项目投标资料、商务合同和法律事务。

(3) 市场部。负责会议、技能大赛、师资培训班、认证培训、校企合作等市场推广业务。

(4) 网站部。负责销售网站和教学网站的建设与管理业务。

(5) 行政部。负责人力资源和行政事务管理业务。

(6) 财务部。负责财务管理和成本管理业务。

(7) 生产部。负责计划、检验、生产、入库等生产业务。

(8) 工程部。负责项目备货、发货、安装、服务业务。

(9) 采供部。负责外协管理、采购业务和库房管理。

(10) 技术部。负责产品生产技术和说明书等技术业务。

(11) 研发部。负责新产品立项、研发和试制鉴定业务。

(12) 质检部。负责对产品质量进行检查。

3. 产品生产流程

工业产品的研发和生产流程基本相同，一般都是从市场调研开始，经历研制、鉴定、批量生产、质量检验、销售和安装服务等流程。下面以网络综合布线故障检测实训装置(见图 3-41)产品为例，说明生产流程。

（1）产品功能

① 综合布线系统各种永久链路实训。

② 网络模块配线端接原理实训。

③ 网络跳线制作和测试实训。可同时测量 4 根网络跳线。

④ 配线子系统管理间机柜安装和配线端接技术实训。

⑤ 光纤熔接和光纤配线连接实训。

⑥ 综合布线故障检测、故障维修实训。

⑦ 水平子系统管/槽布线技术实训。

⑧ 工作区子系统网络插座安装实训。

⑨ 真实展示完整的综合布线系统功能。

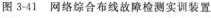

图 3-41 网络综合布线故障检测实训装置

⑩ 实训考核功能。指示灯直接显示考核结果,易评判打分。

（2）生产流程

该产品的生产流程如图 3-42 所示,可以看到工业产品的一般生产流程如下:

市场调研→论证立项→研发试制→鉴定验收→批量生产→质量检验→推广销售→库存发货→安装服务等。在每个流程又分为多个生产工序,例如,批量生产流程包括电路板生产、机箱生产、包装箱生产等。

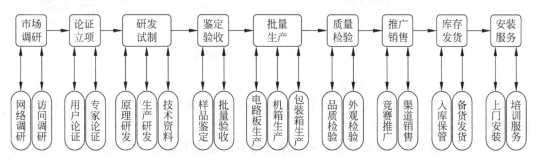

图 3-42 网络综合布线故障检测实训装置生产流程图

4. 网络应用需求

根据上面的业务和机构设置,首先分析和整理该企业网络系统应用需求模型图。如图 3-43 所示,这是一个具有典型意义的网络系统应用案例,涵盖了研究开发系统、生产制造系统、销售管理系统、物流运输系统、服务系统等全产业链的企业网络系统各个应用系统及其子系统,具有企业网络应用的代表性和普遍性。包括以下应用系统。

（1）企业管理系统。包括行政管理子系统、人事管理子系统、资产管理子系统等。

（2）研究开发系统。包括新产品调研立项子系统、试制鉴定子系统、产品说明书和设计文件等技术资料子系统等。

（3）技术质检子系统。包括原材料入厂质量检验子系统、零部件制造质量检验子系统、成品质量检验子系统等。

（4）生产制造系统。包括零部件制造子系统、产品装配子系统、包装入库子系统等。

（5）采购供应系统。包括螺丝和电气零件等标准件采购子系统、按图加工等外协件采

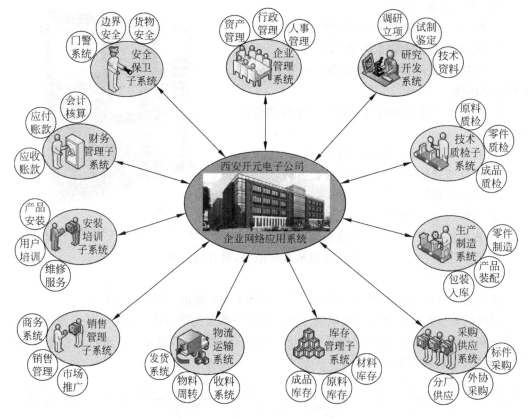

图 3-43　开元电子企业网络应用需求图

购子系统、分厂定点供应子系统等。

（6）库存管理子系统。包括钢材等原材料库存管理子系统、成品库存子系统、纸箱和木箱等包装材料库存子系统等。

（7）物流运输系统。包括原材料和标准件等原料物流子系统、厂内物流和半成品周转子系统、发货和物流查询等发货子系统。

（8）销售管理子系统。包括市场推广和品牌建设等市场推广子系统，办事处、分公司和代理商等销售管理子系统，签订合同和执行检查等商务子系统。

（9）安装培训子系统。包括人员派遣和上门安装等产品安装子系统，用户培训和指导等用户培训子系统，售后维修和服务等维修服务子系统等。

（10）财务管理子系统。包括应收账款管理子系统、应付账款管理子系统、成本分析等会计核算子系统等。

（11）安全保卫子系统。包括大门监控、库房监控、财务等监控和门警子系统，基地和建筑物等边界安全子系统，原材料和成品、消防等固定资产和产品安全子系统。

5. 网络应用拓扑图

根据前面的生产基地总平面图、建筑物功能布局图、企业机构设置图、生产流程图、网络应用需求图等资料，设计了如图 3-44 所示的网络应用拓扑图。

从图 3-44 中可以看出，该企业网络为星形结构，分布在三栋建筑物，由 1 台核心交换

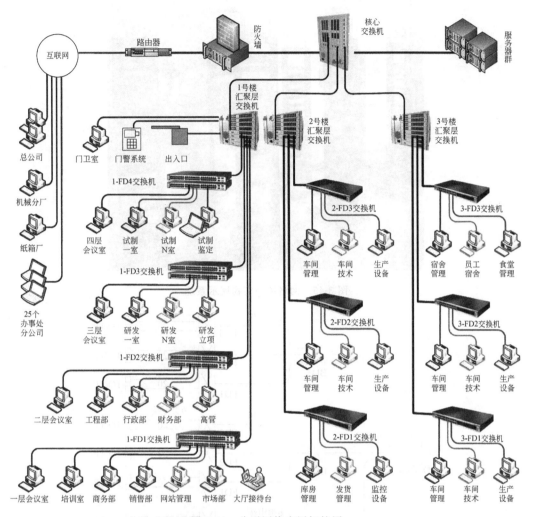

图 3-44 公司网络应用拓扑图

机、3 台汇聚交换机、14 台接入层交换机,以及服务器、防火墙、路由器等设备组成,共设计有920 信息点,还有门警、电子屏、监控系统等,并且通过互联网与总公司、各个分厂和驻外办事处等联系。

为了方便教学和实训,把复杂和抽象的网络拓扑图变得简单和清晰,下面按照如图 3-45 所示的网络拓扑实物展示系统为例来进行说明。从图中可以看出,右边机架为网络核心层,安装园区建筑群核心交换机和光纤配线系统;中间机架为网络汇聚层,安装建筑物汇聚交换机和光纤配线系统;左边机架为网络接入层,安装接入层交换机和铜缆配线系统。

6. 网络综合布线系统图

根据以上应用需求和网络拓扑图,设计了如图 3-46 所示的网络综合布线系统图。

图 3-45   网络拓扑实物展示系统

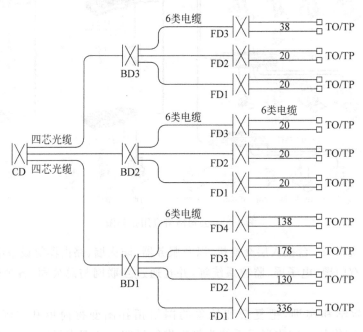

图 3-46   网络综合布线系统图

四、实践操作

请绘制出设备间子系统的原理图。

【复习思考题】

1. 在工作区子系统的设计中,一般要遵循哪些原则?

2. 水平子系统中双绞线电缆的长度为什么要限制在 90m 以内?

3. 管理间子系统的布线设计原则有哪些?

4. GB 50311—2007《综合布线系统工程设计规范》国家标准第 7.0.9 条为强制性条文,必须严格执行。请问该条是如何规定的? 为什么要这样规定?

模块 3　设计综合布线系统

一、教学目标

【知识目标】

1. 掌握综合布线工程设计内容。
2. 掌握综合布线工程设计方法。
3. 了解综合布线工程设计流程。

【技能目标】

1. 能正确统计建筑物内的信息点。
2. 能利用绘图软件设计综合布线系统图。
3. 能利用绘图软件设计综合布线施工图。

二、工作任务

根据综合布线设计流程和方法,按用户需求独立完成综合布线工程设计。

三、相关知识点

智能建筑实际工程设计中,有土建设计、水暖设计、强电设计和弱电设计等多个专业,经常出现水暖管道和设施、强电管路和设施、弱电管路和设施的多种交叉和位置冲突。例如,GB 50311《综合布线系统工程设计规范》中明确规定,网络双绞线电缆的布线路由不能与380V 或者 220V 交流线路并行或者交叉,如果确实需要并行或者交叉时,必须保留一定的距离或者采取专门的屏蔽措施。为了减少和避免这些冲突,降低设计成本和工程总造价,因此土建设计、水暖设计、强电和弱电设计等专业不能同时进行。一般设计流程为:结构设计→土建设计→水暖设计→强电设计→弱电设计。综合布线系统的设计一般在弱电设计阶段进行。一般设计流程如图 3-47 所示。

结构设计　→　土建设计　→　水暖设计　→　强电设计　→　弱电设计

图 3-47　智能建筑设计流程图

结构设计主要设计建筑物的基础和框架结构,例如楼层高度、柱间距、楼面荷载等主体结构内容,我们平常所说的大楼封顶,实际上也只完成了大楼的主体结构。结构设计主要依据业主提供的项目设计委托书、地质勘察报告和相关建筑设计国家标准及图集。

土建设计依据结构设计图纸,主要设计建筑物的隔墙、门窗、楼梯、卫生间等,决定建筑

85

物内部的使用功能和区域分割。土建设计主要依据建筑物的使用功能、项目设计委托书和相关国家标准及图集。土建设计阶段不需要再画建筑物的楼层图纸，只需要在结构设计阶段完成的图纸中添加土建设计内容。

水暖设计依据土建设计图纸，主要设计建筑物的上水和下水管道的直径、阀门和安装路由等，在我国北方地区还要设计冬季暖气管道的直径、阀门和安装路由等。水暖设计阶段也不需要再画建筑物的楼层图纸，只需要在前面设计阶段完成的图纸中添加水暖设计内容。

强电设计主要设计建筑物内部 380V 或者 220V 电力线的直径、插座位置、开关位置和布线路由等，确定照明、空调等电气设备插座位置等。强电设计阶段也不需要再画建筑物的楼层图纸，只需要在前面设计阶段完成的图纸中添加强电设计内容。

弱电设计主要包括计算机网络系统、通信系统、广播系统、门警系统、监控系统等智能化系统线缆规格、接口位置、机柜位置、布线埋管路由等，这些全部属于综合布线系统的设计内容。弱电设计人员不需要再画建筑图纸，只需要在强电设计图纸上添加设计内容。

在智能化建筑项目的设计中，弱电系统的布线设计一般为最后一个专业，这是因为弱电系统属于智能建筑的基础设施，也直接关系到建筑物的实际使用功能，设计也非常重要，也最为复杂。第一个原因是弱电系统缆线比较柔软，比较容易低成本地规避其他水暖和电气管道及设施。第二个原因是弱电系统缆线易受强电干扰，相关标准有明确的规定。第三个原因是弱电系统的交换机、服务器等设备对环境使用温度、湿度等有要求，例如一般要求工作环境温度在 10～50℃。第四个原因是计算机网络技术和智能化管理系统技术发展快，产品更新也快，例如在 2010 年下半年开始就必须考虑三网合一及物联网发展的需求了。第五个原因是用户需求多样化，不同用户在不同时期的需求都在变化。

（一）综合布线工程基本设计项目

在智能建筑设计中，必须包括计算机网络系统、通信系统、广播系统、门警系统、监控系统等众多智能化系统，为了清楚地讲述这些设计知识，下面将以计算机网络系统的综合布线设计为重点，介绍设计知识和方法。网络综合布线工程一般设计项目包括以下主要内容。

- 点数统计表编制。
- 系统图设计。
- 端口对应表设计。
- 施工图设计。
- 材料表编制。

我们将围绕上述这些具体设计任务，讲述如何正确地完成设计任务。综合布线系统的设计离不开智能建筑的结构和用途，为了清楚地讲述设计知识，以如图 3-48 所示的综合布线系统教学模型为实例展开。该模型集中展示了智能建筑中综合布线系统的各个子系统，包括了 1 栋园区网络中心建筑、1 栋三层综合楼建筑物。下面将围绕这个建筑模型讲述设计的基本知识和方法。

（二）综合布线工程设计

1. 点数统计表编制

编制信息点数量统计表目的是快速准确地统计建筑物的信息点。设计人员为了快速合计结果和方便制表，一般使用 Microsoft Excel。编制点数统计表的要点如下：

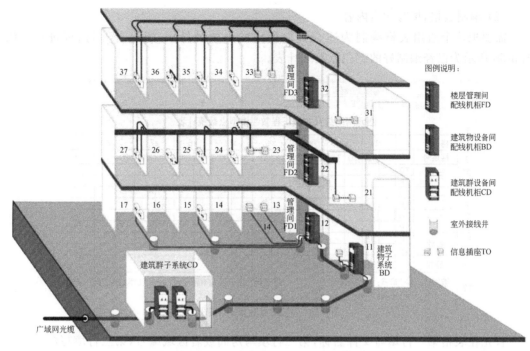

图 3-48　网络综合布线系统教学模型

- 表格设计合理。要求表格打印成文本后,表格的宽度和文字大小合理,特别是文字不能太大或者太小。
- 数据正确。每个工作区都必须填写数字,要求数量正确,没有遗漏信息点和多出信息点。对于没有信息点的工作区或者房间填写数字 0,表明已经分析过该工作区。
- 文件名称正确。作为工程技术文件,文件名称必须准确,能够直接反映该文件内容。
- 签字和日期正确。作为工程技术文件,编写、审核、审定、批准等人员签字非常重要,如果没有签字就无法确认该文件的有效性,也没有人对文件负责,更没有人敢使用。日期直接反映文件的有效性,因为在实际应用中,可能会经常修改技术文件,一般是最新日期的文件代替以前日期的文件。

下面通过点数统计表实际编写过程来学习和掌握编制方法,具体编制步骤和方法如下。

（1）创建工作表

首先打开 Microsoft Office Excel 软件,创建 1 个通用表格,如图 3-49 所示。同时必须给文件命名,文件命名应该直接反映项目名称和文件的主要内容,我们使用网络综合布线工程教学模型项目学习和掌握编制点数表的基本方法。我们就把该文件命名为"01-教学模型点数统计表"。

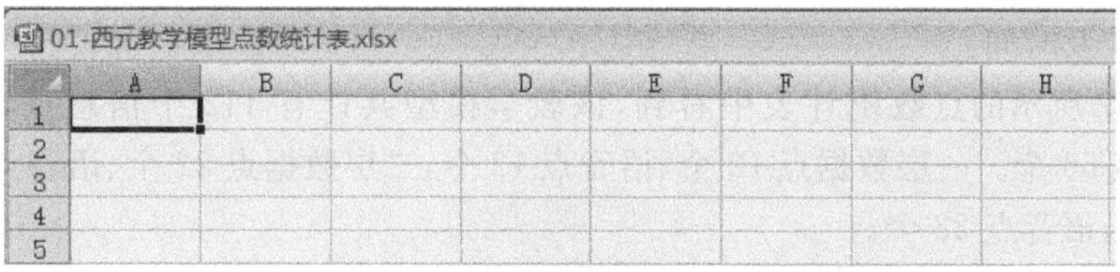

图 3-49　创建点数统计表初始图

（2）编制表格，填写栏目内容

需要把这个通用表格编制为适合我们使用的点数统计表，通过合并行、列进行。如图 3-50 所示为已经编制好的空白点数统计表。

西元网络综合布线工程教学模型点数统计表																		
房间号		x1		x2		x3		x4		x5		x6		x7		合计		
楼层号		TO	TP	TO	TP	TO	TP	TO	TP	TO	TP	TO	TP	TO	TP	TO	TP	总计
三层	TO																	
	TP																	
二层	TO																	
	TP																	
一层	TO																	
	TP																	
合计	TO																	
	TP																	
总计																		
编写：		审核：			审定：				西安开元电子实业有限公司					2010年12月12日				

图 3-50　空白点数统计表图

首先在表格第一行填写文件名称，第二行填写房间或者区域编号，第三行填写数据点和语音点。一般数据点在左栏，语音点在右栏，其余行对应楼层。注意每个楼层按照两行，其中一行为数据点，一行为语音点。同时填写楼层号，楼层号一般按照第一行为顶层，最后一行为一层，最后两行为合计。然后编制列，第一列为楼层编号，其余为房间编号，最右边两列为合计。

（3）填写数据和语音信息点数量

按照图 3-1 网络综合布线工程教学模型，把每个房间的数据点和语音点数量填写到表格中。填写时逐层逐房间进行，从楼层的第一个房间开始，逐间分析应用需求和划分工作区，确认信息点数量。

在每个工作区首先确定网络数据信息点的数量，然后考虑语音信息点的数量，同时还要考虑其他智能化和控制设备的需要，例如，在门厅要考虑指纹考勤机、门警系统等网络接口。表格中对于不需要设置信息点的位置不能空白，而是填写 0，表示已经考虑过这个点。如图 3-51 所示为已经填写好的表格。

（4）合计数量

首先按照行统计出每个房间的数据点和语音点，注意把数据点和语音点的合计数量放在不同的列中。然后统计列数据，注意把数据点和语音点的合计数量应该放在不同的行中，最后进行合计，这样就完成了点数统计表。该表既能反映每个房间或者区域的信息点，也能看到每个楼层的信息点，还有垂直方向信息点的合计数据，全面清楚地反映了全部信息点。最后注明单位及时间。

在图 3-52 所示的点数统计表中看到，该教学模型共计有 112 个信息点，其中数据点 56 个、语音点 56 个。一层数据点 12 个、语音点 12 个，二层数据点 22 个、语音点 22 个，三层数据点 22 个、语音点 22 个。

S12 | fx

房间号 楼层号		x1 TO	x1 TP	x2 TO	x2 TP	x3 TO	x3 TP	x4 TO	x4 TP	x5 TO	x5 TP	x6 TO	x6 TP	x7 TO	x7 TP	合计 TO	合计 TP	总计
三层	TO	2		2		4		4		4		4		2				
	TP		2		2		4		4		4		4		2			
二层	TO	2		2		4		4		4		4		2				
	TP		2		2		4		4		4		4		2			
一层	TO	1		1		2		2		2		2		2				
	TP		1		1		2		2		2		2		2			
合计	TO																	
	TP																	
总计																		

编写:　　　审核:　　　审定:　　　西安开元电子实业有限公司　　2010年12月12日

图 3-51　填写好信息点数量统计表图

S12 | fx | 112

房间号 楼层号		x1 TO	x1 TP	x2 TO	x2 TP	x3 TO	x3 TP	x4 TO	x4 TP	x5 TO	x5 TP	x6 TO	x6 TP	x7 TO	x7 TP	合计 TO	合计 TP	总计
三层	TO	2		2		4		4		4		4		2		22		
	TP		2		2		4		4		4		4		2		22	
二层	TO	2		2		4		4		4		4		2		22		
	TP		2		2		4		4		4		4		2		22	
一层	TO	1		1		2		2		2		2		2		12		
	TP		1		1		2		2		2		2		2		12	
合计	TO	5		5		10		10		10		10		6		56		
	TP		5		5		10		10		10		10		6		56	
总计																		112

编写: 蔡永亮 审核: 姜景 审定: 王公儒 西安开元电子实业有限公司 2010年12月12日

图 3-52　完成的信息点数量统计表图

（5）打印和签字盖章

完成信息点数量统计表编写后,打印该文件,并且签字确认,正式提交时必须盖章。如图 3-53 所示为打印出来的文件。

西元网络综合布线工程教学模型点数统计表

房间号 楼层号		x1 TO	x1 TP	x2 TO	x2 TP	x3 TO	x3 TP	x4 TO	x4 TP	x5 TO	x5 TP	x6 TO	x6 TP	x7 TO	x7 TP	合计 TO	合计 TP	总计
三层	TO	2		2		4		4		4		4		2		22		
	TP		2		2		4		4		4		4		2		22	
二层	TO	2		2		4		4		4		4		2		22		
	TP		2		2		4		4		4		4		2		22	
一层	TO	1		1		2		2		2		2		2		12		
	TP		1		1		2		2		2		2		2		12	
合计	TO	5		5		10		10		10		10		6		56		
	TP		5		5		10		10		10		10		6		56	
总计																		112

编写: 蔡永亮 审核: 姜景 审定: 王公儒 西安开元电子实业有限公司 2010年12月12日

图 3-53　打印和签字的点数统计表图

点数统计表在工程实践中是常用的统计和分析方法,也适合监控系统、楼控系统等设备比较多的各种工程应用。

2. 综合布线系统图设计

点数统计表非常全面地反映了该项目的信息点数量和位置,但是不能反映信息点的连接关系,这样我们就需要通过设计网络综合布线系统图来直观反映了。

综合布线系统图非常重要,它直接决定网络应用拓扑图,因为网络综合布线系统是在建筑物建设过程中预埋的管线,后期无法改变,所以网络应用系统只能根据综合布线系统来设置和规划,作者认为综合布线系统图直接决定网络拓扑图。

综合布线系统图是智能建筑设计蓝图中必有的重要内容,一般在电气施工图册的弱电图纸部分的首页。

综合布线系统图的设计要点如下。

(1) 图形符号必须正确

在系统图设计时,必须使用规范的图形符号,保证其他技术人员和现场施工人员能够快速读懂图纸,并且在系统图中给予说明,不要使用奇怪的图形符号。GB 50311《综合布线系统工程设计规范》中使用的图形符号如下:

- |×| 代表网络设备和配线设备,左右两边的竖线代表网络配线架,例如光纤配线架,铜缆配线架,中间的 X 代表网络交互设备,例如网络交换机。
- □ 代表网络插座,例如单口网络插座、双口网络插座等。
- --- 线条代表缆线,例如室外光缆、室内光缆、双绞线电缆等。

(2) 连接关系清楚

设计系统图的目的就是为了规定信息点的连接关系,因此必须按照相关标准规定,清楚地给出信息点之间的连接关系,信息点与管理间、设备间配线架之间的连接关系,也就是清楚地给出 CD—BD、BD—FD、FD—TO 之间的连接关系,这些连接关系实际上决定了网络拓扑图。

(3) 缆线型号标记正确

在系统图中要将 CD—BD、BD—FD、FD—TO 之间设计的缆线规定清楚,特别要标明是光缆还是电缆。就光缆而言,有时还需要标明是室外光缆还是室内光缆,有更详细要求时还要标明是单模光缆还是多模光缆,这是因为如果布线系统设计了多模光缆,在网络设备配置时就必须选用多模光纤模块的交换机。系统中规定的缆线也直接影响工程总造价。

(4) 说明完整

系统图设计完成后,必须在图纸的空白位置增加设计说明。设计说明一般是对图的补充,帮助理解和阅读图纸,对系统图中使用的符号给予说明。例如增加图形符号说明,对信息点总数和个别特殊需求给予说明等。

(5) 图面布局合理

任何工程图纸都必须注意图面布局合理、比例合适、文字清晰。一般布置在图纸中间位置。在设计前根据设计内容选择图纸幅面,一般有 A4、A3、A2、A1、A0 等标准规格,例如 A4 幅面高 297mm、宽 210mm;A0 幅面高 840mm、长 1194mm。在智能建筑设计中也经常使用加长图纸。

（6）标题栏完整

标题栏是任何工程图纸都不可缺少的内容，一般在图纸的右下角。标题栏一般至少包括以下内容。

① 建筑工程名称。例如：高新区生产基地。

② 项目名称。例如：网络综合布线系统图。

③ 工种。例如：电施图。

④ 图纸编号。例如：10-2。

⑤ 设计人签字。

⑥ 审核人签字。

⑦ 审定人签字。

在综合布线系统图的设计时，工程技术人员一般使用 AutoCAD 软件完成，鉴于计算机类专业没有 CAD 软件课程，为了掌握系统图的设计要点，下面我们以 Microsoft Office Visio 软件和教学模型为例，介绍系统图的设计方法，具体步骤如下。

（1）创建 Visio 绘图文件

首先打开程序，创建一个 Visio 绘图文件，同时给该文件命名，例如命名为："02-网络综合布线工程教学模型系统图"。

① 打开 Visio 文件和设置页面

单击"程序"→Microsoft Office→Microsoft Office Visio 2007，打开该软件，选择"网络"→"基本网络图"功能，就创建了 1 个 Visio 绘图文件，如图 3-54 和图 3-55 所示。

图 3-54　创建 Visio 文件

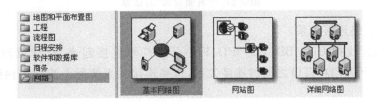

图 3-55　创建 Visio 图

② 设置页面尺寸

首先单击图 3-56 页面左上角的"文件"，选择页面设置，就会出现如图 3-57 所示对话框，然后单击"预定义的大小"选项，再选择 A4 幅面，选择"页面方向"为"横向"（变为绿色），最后单击"确定"按钮，这样就完成了页面设置，可以开始进行系统图的设计了。

（2）绘制配线设备图形

在页面合适位置绘制建筑群配线设备图形（CD）、建筑物配线设备图形（BD）、楼层管理间配线设备图形（BD）和工作区网路插座图形（TO），如图 3-58 所示。

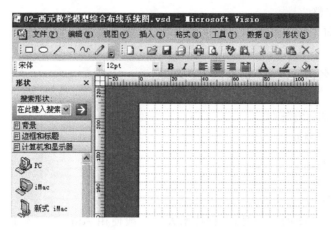

图 3-56　Visio 图创作页面

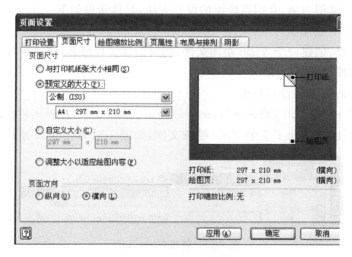

图 3-57　"页面设置"对话框

（3）设计网络连接关系

用直线或折线把 CD—BD、BD—FD、FD—TO 符号连接起来，这样就清楚地给出了 CD—BD、BD—FD、FD—TO 之间的连接关系，这些连接关系实际上决定了网络拓扑图，如图 3-59 所示。

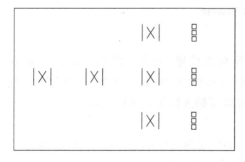

图 3-58　绘制设备图形

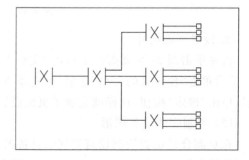

图 3-59　设计连接关系

（4）添加设备图形符号和说明

为了方便、快速地阅读图纸，一般在图纸中需要添加图形符号和缩略词的说明，通常使用英文缩略词，再把图中的线条用中文标明，如图 3-60 所示。

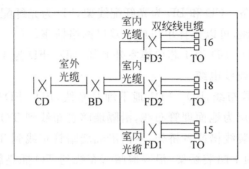

图 3-60　综合布线系统图

（5）设计说明

为了更加清楚地说明设计思想，帮助大家快速阅读和理解图纸，减少对图纸的误解，一般要在图纸的空白位置增加设计说明，重点说明特殊图形符号和设计要求。例如西元教学模型的设计说明内容如图 3-61 所示。

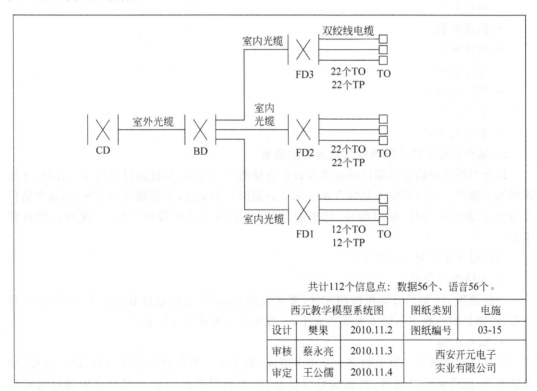

共计112个信息点：数据56个、语音56个。

西元教学模型系统图		图纸类别	电施
设计	樊果　2010.11.2	图纸编号	03-15
审核	蔡永亮　2010.11.3	西安开元电子实业有限公司	
审定	王公儒　2010.11.4		

图 3-61　网络综合布线系统图

设计说明如下：

① CD 表示建筑群配线设备。

② BD 表示建筑物配线设备。

③ FD 表示楼层管理间配线设备。

④ TO 表示网络信息插座。

⑤ |×| 表示配线设备。CD 和 BD 为光纤配线架,FD 为光纤配线架或电缆配线架。

⑥ "□"表示网络插座,可以选择单口或者双口网络插座。

⑦ "--"表示缆线,CD—BD 为 4 芯单模室外光缆,BD—FD 为 4 芯多模室内光缆或者双绞线电缆,FD—TO 为双绞线电缆。

⑧ CD—BD 室外埋管布线,BD—FD1 地下埋管布线,BD—FD2、BD—FD3 沿建筑物墙体埋管布线,FD—TO 一层为地面埋管布线,沿隔墙暗管布线到 TO 插座底盒;二层为明槽暗管布线方式,楼道为明装线槽或者桥架,室内沿隔墙暗管布线到 TO 插座底盒;三层在楼板中隐蔽埋管或者在吊顶上暗装桥架,沿隔墙暗管布线到 TO 插座底盒。

⑨ 在两端预留缆线,方便端接。在 TO 底盒内预留 0.2m,在 CD、BD、FD 配线设备处预留 2m。

(6) 设计标题栏

标题栏是工程图纸都不可缺少的内容,一般在图纸的右下角。图 3-27 中标题栏为一个典型应用实例,它包括以下内容。

- 项目名称。
- 图纸类别。
- 图纸编号。
- 设计单位。
- 设计人签字。
- 审核人签字。
- 审定人签字。

3. 综合布线工程信息点端口对应表的编制

综合布线工程信息点端口对应表应该在进场施工前完成,并且应打印后带到现场,方便现场施工编号。端口对应表是综合布线施工必需的技术文件,主要规定房间编号、每个信息点的编号、配线架编号、端口编号、机柜编号等,主要用于系统管理、施工方便和后续日常维护。

端口对应表编制要求如下。

- 表格设计合理

一般使用 A4 幅面竖向排版的文件,要求表格打印后,表格宽度和文字大小合理,编号清楚,特别是编号数字不能太大或者太小,一般使用小四或者五号字。

- 编号正确

信息点端口编号一般由数字—字母串组成,编号中必须包含工作区位置、端口位置、配线架编号、配线架端口编号、机柜编号等信息,能够直观反映信息点与配线架端口的对应关系。

- 文件名称正确

端口对应表可以按照建筑物编制,也可以按照楼层编制,或者按照 FD 配线机柜编制,无论采取哪种编制方法,都要在文件名称中直接体现端口的区域,因此文件名称必须准确,能够直接反映该文件内容。

- 签字和日期正确

作为工程技术文件,编写、审核、审定、批准等人员签字非常重要。如果没有签字,就无法确认该文件的有效性,也没有人对文件负责,更没有人敢使用。日期直接反映文件的有效性,因为在实际应用中,可能会经常修改技术文件,一般是最新日期的文件代替以前日期的文件。

端口对应表的编制一般使用 Microsoft Word 软件或 Microsoft Office Excel 软件。下面我们以图 3-1 所示的综合布线教学模型为例,选择一层信息点,使用 Microsoft Word 软件说明编制方法和要点。

(1) 文件命名和表头设计

首先打开 Microsoft Word 软件,创建一个 A4 幅面的文件,同时给文件命名,例如"02-西元综合布线教学模型端口对应表"。然后编写文件题目和表头信息,如表 3-4 所示,文件题目为"综合布线教学模型端口对应表",项目名称为教学模型,建筑物名称为 2 号楼,楼层为一层 FD1 机柜,文件编号为 XY03-2-1。

(2) 设计表格

设计表格前,首先分析端口对应表需要包含的主要信息,确定表格列数量,例如,表 3-4 中为 7 列,第一列为"序号",第二列为"信息点编号",第三列为"机柜编号",第四列为"配线架编号",第五列为"配线架端口编号",第六列为"房间编号"。其次确定表格行数,一般第一行为类别信息,其余按照信息点总数量设置行数,每个信息点占一行。再次填写第一行类别信息,最后添加表格的第一列序号。这样一个空白的端口对应表就编制好了。

(3) 填写机柜编号

如图 3-11 所示的综合布线教学模型中,2 号楼为三层结构,每层有一个独立的楼层管理间。我们从该图中看到,一层的信息点全部布线到一层的这个管理间,而且一层管理间只有 1 个机柜,图中标记为 FD1,该层全部信息点将布线到该机柜,因此我们就在表格中"机柜编号"栏全部行填写 FD1。

如果每层信息点很多,也可能会有几个机柜,工程设计中一般按照 FD11、FD12 等顺序编号,FD1 表示一层管理间机柜,后面 1、2 为该管理间机柜的顺序编号。

(4) 填写配线架编号

根据前面的点数统计表,我们知道综合布线工程教学模型一层共设计有 24 个信息点。设计中一般会使用 1 个 24 口配线架,就能够满足全部信息点的配线端接线要求了,我们就把该配线架命名为 1 号,该层全部信息点将端接到该配线架,因此我们就在表格中"配线架编号"栏全部行填写 1。

如果信息点数量超过 24 个以上时,就会有多个配线架,例如 25~48 点时需要 2 个配线架,我们就把两个配线架分别命名为 1 号和 2 号,一般在最上边的配线架命名为 1 号。

(5) 填写配线架端口编号

配线架端口编号在生产时都印刷在每个端口的下边,在工程安装中,一般每个信息点对应一个端口,一个端口只能端接一根双绞线电缆。因此我们就在表格中"配线架端口编号"栏从上向下依次填写 1、2、…、24 等数字。

在数据中心和网络中心因为信息点数量很多,经常会用到 36 口或者 48 口高密度配线架,也是按照端口编号的数字填写。

(6)填写插座底盒编号

在实际工程中,每个房间或者区域往往设计有多个插座底盒,我们对这些底盒也要编号,一般按照顺时针方向从 1 开始编号。一般每个底盒设计和安装双口面板插座,因此我们就在表格中的"插座底盒"栏从上向下依次填写 1 或者 1、2 等数字。

(7)填写房间编号

设计单位在实际工程前期设计图纸中,每个房间或者区域都没有数字或者用途编号,弱电设计时首先给每个房间或者区域编号。一般用 2 位或者 3 位数字编号,第一位表示楼层号,第二位或者第二三位为房间顺序号。图 3-1 西元教学模型中每层只有 7 个房间,所以就用 2 位数编号,例如一层分别为 11、12、…、17。因此我们就在表格中的"房间编号栏"填写对应的房间号数字,11 号房间有 2 个信息点,我们就在 2 行中填写 11。

(8)填写信息点编号

完成上面的七步后,编写信息点编号就容易了。按照图 3-62 的编号规定就能顺利完成端口对应表了,把每行第三栏至第七栏的数字或者字母用"一"连接起来并填写在"信息点编号"栏。特别注意双口面板一般安装有 2 个信息模块,为了区分这 2 个信息点,一般左边用 Z,右边用 Y 标记和区分。为了使安装施工人员能快速读懂端口对应表,也需要把下面的编号规定作为编制说明设计在端口对应表文件中。

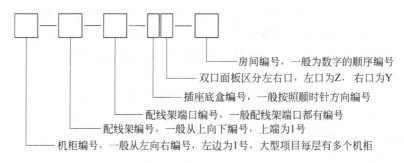

图 3-62　信息点编号规定

(9)填写编制人和单位等信息

在端口对应表的下面必须填写"编制人"、"审核人"、"审定人"、"编制单位"、"日期"等信息,如表 3-4 所示。

表 3-4　03-综合布线教学模型端口对应表

项目名称:教学模型　建筑物名称:2 号楼　楼层:一层 FD1 机柜　文件编号:XY03-2-1

序号	信息点编号	机柜编号	配线架编号	配线架端口编号	插座底盒编号	房间编号
1	FD1-1-1-1Z-11	FD1	1	1	1	11
2	FD1-1-2-1Y-11	FD1	1	2	1	11
3	FD1-1-3-1Z-12	FD1	1	3	1	12
4	FD1-1-4-1Y-12	FD1	1	4	1	12
5	FD1-1-5-1Z-13	FD1	1	5	1	13
6	FD1-1-6-1Y-13	FD1	1	6	1	13

序号	信息点编号	机柜编号	配线架编号	配线架端口编号	插座底盒编号	房间编号
7	FD1-1-7-2Z-13	FD1	1	7	2	13
8	FD1-1-8-2Y-13	FD1	1	8	2	13
9	FD1-1-9-1Z-14	FD1	1	9	1	14
10	FD1-1-10-1Y-14	FD1	1	10	1	14
11	FD1-1-11-2Z-14	FD1	1	11	2	14
12	FD1-1-12-2Y-14	FD1	1	12	2	14
13	FD1-1-13-1Z-15	FD1	1	13	1	15
14	FD1-1-14-1Y-15	FD1	1	14	1	15
15	FD1-1-15-2Z-15	FD1	1	15	2	15
16	FD1-1-16-2Y-15	FD1	1	16	2	15
17	FD1-1-17-1Z-16	FD1	1	17	1	16
18	FD1-1-18-1Y-16	FD1	1	18	1	16
19	FD1-1-19-2Z-16	FD1	1	19	2	16
20	FD1-1-20-2Y-16	FD1	1	20	2	16
21	FD1-1-21-1Z-17	FD1	1	21	1	17
22	FD1-1-22-1Y-17	FD1	1	22	1	17
23	FD1-1-23-2Z-17	FD1	1	23	2	17
24	FD1-1-24-2Y-17	FD1	1	24	2	17

编制人签字：樊果　　　　　　　审核人签字：蔡永亮　　　　　　审定人签字：王公儒
编制单位：西安开元电子实业有限公司　　　　　时间：2010 年 11 月 4 日

4. 施工图设计

完成前面的点数统计表、系统图和端口对应表以后，综合布线系统的基本结构和连接关系已经确定，需要进行布线路由设计了，因为布线路由取决于建筑物结构和功能，布线管道一般安装在建筑立柱和墙体中。施工图设计的目的就是规定布线路由在建筑物中安装的具体位置，一般使用平面图。

施工图设计的一般要求如下。

（1）图形符号必须正确

施工图设计的图形符号，首先要符合相关建筑设计标准和图集规定。

（2）布线路由合理正确

施工图设计了全部缆线和设备等器材的安装管道、安装路径、安装位置等，也直接决定了工程项目的施工难度和成本。例如水平子系统中电缆的长度和拐弯数量等，电缆越长，拐弯可能就越多，布线难度就越大，对施工技术就有交稿的要求。

（3）位置设计合理正确

在施工图中，对穿线管、网络插座、桥架等的位置设计要合理，符合相关标准规定。例如网络插座安装高度一般距离地面为 300mm。但是对于学生宿舍等特殊应用场合，为了方便接线，网络插座一般设计在桌面高度以上位置。

（4）说明完整

（5）图面布局合理

（6）标题栏完整

在实际施工图设计中,综合布线部分属于弱电设计工种,不需要画建筑物结构图,只需要在前期土建和强电设计图中添加综合布线设计内容。下面用 Microsoft Office Visio 软件,以教学模型二层为例,介绍施工图的设计方法,具体步骤如下。

① 创建 Visio 绘图文件

首先打开程序,选择创建一个 Visio 绘图文件,同时给该文件命名,例如命名为"03-教学模型二层施工图"。把图面设置为 A4 横向,比例为 1∶10,单位为 mm。

② 绘制建筑物平面图

按照综合布线工程教学模型实际尺寸,绘制出建筑物二层平面图,如图 3-63 所示。

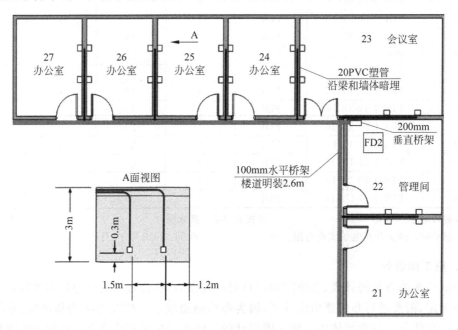

图 3-63　综合布线工程教学模型二层施工图

③ 设计信息点位置

根据点数统计表中每个房间的信息点数量,设计每个信息点的位置。例如,25 号房间有 4 个数据点和 4 个语音点。我们就在两个墙面分别安装 2 个双口信息插座,每个信息插座 1 个数据口、1 个语音口。如图 3-63 中 25 号办公室和 A 面视图所示,标出了信息点距离墙面的水平尺寸以及距离地面的高度。为了降低成本,墙体两边的插座背对背安装。

④ 设计管理间位置

楼层管理间的位置一般紧靠建筑物设备间,我们看到该教学模型的建筑物设备间在一层 11 号房间,一层管理间在隔壁的 12 号房间,垂直子系统桥架也在 12 号房间,因此我们就把二层的管理间安排在 22 号房间。

⑤ 设计水平子系统布线路由

二层采取楼道明装 100mm 水平桥架,过梁和墙体暗埋 20PVC 塑料管到信息插座。墙体两边房间的插座共用 PVC 管,在插座处分别引入两个背对背的插座。

⑥ 设计垂直子系统路由

该建筑物的设备间位于一层的 12 号房间,使用 200mm 的桥架,沿墙垂直安装到二层 22 号房间和三层 32 号房间,并且与各层的管理间机柜连接。如图 3-63 中的 FD2 机柜所示。

⑦ 设计局部放大图

由于建筑体积很大,往往在图纸中无法绘制出局部细节位置和尺寸,这就需要在图纸中增加局部放大图。如图 3-63 中设计了 25 号房间 A 向视图,标注了具体的水平尺寸和高度尺寸。

⑧ 添加文字说明

设计中的许多问题需要通过文字来说明,如图 3-63 所示,分别添加了"100mm 水平桥架楼道明装 2.6m"、"20PVC 塑管沿梁和墙体暗埋",并且用箭头指向说明位置。

⑨ 增加设计说明

⑩ 设计标题栏

5. 编制材料表

材料表主要用于工程项目材料采购和现场施工管理,实际上就是施工方内部使用的技术文件,必须详细地写清楚全部主材、辅助材料和消耗材料等。下面以二层施工图为例来说明材料表的编制。

编制材料表的一般要求如下。

(1)表格设计合理

一般使用 A4 幅面竖向排版的文件,要求表格打印后,表格宽度和文字大小合理,编号清楚,特别是编号数字不能太大或者太小,一般使用小四或者五号字,如表 3-5 所示。

(2)文件名称正确

材料表一般按照项目名称命名,要在文件名称中直接体现项目名称和材料类别等信息,如表 3-5 所示,文件名称为"04-综合布线工程教学模型二层布线材料表"。

(3)材料名称和型号准确

材料表主要用于材料采购和现场管理。因此材料名称和型号必须正确,并且使用规范的名词术语。例如双绞线电缆不能只写"网线",必须清楚地标明是超 5 类电缆还是 6 类电缆,是屏蔽电缆还是非屏蔽电缆,是室内电缆还是室外电缆,重要项目甚至要规定电缆的外观颜色和品牌。因为每个产品的型号不同,往往在质量和价格上有很大差别,对工程质量和竣工验收有直接的影响。

(4)材料规格齐全

综合布线工程实际施工中,涉及缆线、配件、辅助材料、消耗材料等很多品种或者规格,材料表中的规格必须齐全。如果缺少一种材料,就可能影响施工进度,也会增加采购和运输成本。例如,信息插座面板就有双口和单口的区别,有平口和斜口两种,不能只写信息插座面板多少个,必须写出双口面板多少个,单口面板多少个。

(5)材料数量满足需要

在综合布线实际施工中,现场管理和材料管理非常重要,管理水平低材料浪费就大,管理水平高,材料浪费就比较少。例如网络电缆每箱为 305m,标准规定永久链路的最大长度不宜超过 90m。而在实际布线施工中,多数信息点的永久链路长度在 20～40m,往往将

305m 的网络电缆裁剪成 20～40m 使用,这样每箱都会产生剩余的短线,这就需要有人专门整理每箱剩余的短线,首先用在比较短的永久链路。因此在布线材料数量方面必须结合管理水平的高低规定合理的材料数量,考虑一定的余量,并满足现场施工需要。同时还要特别注明每箱电缆的实际长度要求,不能只写多少箱,因为市场上有很多产品长度不够,往往标注的是 305m,实际长度不到 300m,甚至只有 260m,如果每件产品缺尺短寸,就会造成材料的数量短缺。因此在编制材料表时,电缆和光缆的长度一般按照工程总用量的 5%～8%增加余量。

（6）考虑低值易耗品

在综合布线施工和安装中,大量使用 RJ-45 模块、水晶头、安装螺丝、标签纸等这些小件材料,这些材料不仅容易丢失,而且管理成本也较高,因此对于这些低值、易耗材料,应适当增加数量,不需要每天清点数量,增加管理成本。一般按照工程总用量的 10%增加。

（7）签字和日期正确

编制的材料表必须有签字和日期,这是工程技术文件不可缺少的。

下面我们以图 3-1 所示的综合布线工程教学模型和图 3-63 二层施工图为例,说明编制材料表的方法和步骤。

① 文件命名和表头设计

创建 1 个 A4 幅面的 Word 文件,填写基本信息和表格类别,同时给文件命名。如表 3-5 所示,基本信息填写在表格上面,内容为"项目名称:教学模型;建筑物名称:2 号楼;楼层:二层;文件编号:XY03-2-2"。表格类别填写在第一行,内容为"序号、材料名称、型号或规格、数量、单位、品牌或厂家、说明",文件名称为"04-综合布线工程教学模型二层布线材料表"。

表 3-5　04-综合布线工程教学模型二层布线材料表

项目名称:教学模型　建筑物名称:2 号楼　楼层:二层　文件编号:XY03-2-2

序号	材料名称	型号或规格	数量	单位	品牌	说　明
1	网络电缆	超 5 类非屏蔽电缆				305m/箱
2	信息插座底盒					带螺丝 2 个
3	信息插座面板					带螺丝 2 个
4	网络模块					
5	语音模块					
6	线槽					
7	线槽弯头					
8	线管					
9	线管弯头					
10	线管直接头					
11	安装螺丝					

编制人签字:樊果　　　　　审核人签字:蔡永亮　　　　　审定人签字:王公儒

编制单位:西安开元电子实业有限公司　　　　　时间:2010 年 11 月 4 日

② 填写序号栏

序号直接反映该项目材料品种的数量。一般自动生成,使用数字 1、2 等数字,不要使用"一"、"二"等。

③ 填写材料名称栏

材料名称必须正确,并且使用规范的名词术语。例如表 3-5 中,第 1 行填写"网络电缆",不能只写"电缆"或者"缆线"等,因为在工程项目中还会用到 220V 或者 380V 交流电缆,容易混淆,"缆线"的概念是光缆和电缆的统称,也不准确。

④ 填写材料型号或规格栏

名称相同的材料,往往有多种型号或者规格,就网络电缆而言,就有 5 类、超 5 类和 6 类,屏蔽和非屏蔽,室内和室外等多个规格。例如表 3-5 第 1 行就填写"超 5 类非屏蔽电缆"。

⑤ 填写材料数量栏

材料数量中,必须包括网络电缆、模块等余量,对有独立包装的材料,一般按照最小包装数量填写,数量必须为"整数"。例如网络电缆,每箱为 305m,就填写"10 箱",而不能写"9.5 箱"或者"2898m"。对规格比较多、不影响现场使用的材料,可以写成总数量要求,例如 PVC 线管,市场销售的长度规格有 4m、3.8m、3.6m 等,就可以写成"200m",能够满足总数量要求就可以了。

⑥ 填写材料单位栏

材料单位一般有"箱"、"个"、"件"等,必须准确,也不能没有材料单位或者错误。例如 PVC 线管如果只有数量 200,没有单位时,采购人员就不知道是 200m,还是 200 根。

⑦ 填写材料品牌或厂家栏

同一种型号和规格的材料,不同的品牌或厂家,产品制造工艺往往不同,质量也不同,价格差别也很大,因此必须根据工程需求,在材料表中明确填写品牌和厂家,基本上就能确定该材料的价格,这样采购人员就能按照材料表要求准确地供应材料,保证工程项目质量和施工进度。

⑧ 填写说明栏

说明栏主要是把容易混淆的内容说明清楚,例如表 3-5 中第 1 行网络电缆说明为"305m/箱"。

⑨ 填写编制者信息

在表格的下边,需要增加文件编制者信息,文件打印后签名,对外提供时还需要单位盖章。例如表 3-5 中为"编制人签字:樊果;审核人签字:蔡永亮;审定人签字:王公儒;编制单位:西安开元电子实业有限公司;时间:2010 年 11 月 4 日"。

四、实践操作

近年来,旧楼改造中增加网络综合布线系统工程项目越来越多,请按照图 3-64 网络培训中心综合楼建筑模型立体图,完成增加网络综合布线系统的工程设计。设计符合 GB 50311—2007《综合布线系统工程设计规范》,按照超 5 类系统,满足当前网络办公、管理和教学需要,争取以最低成本完成该项目,不考虑语音系统。

具体设计内容和要求如下。

(一)点数统计表制作实训

要求使用 Excel 软件编制,信息点设置合理、表格设计合理、数量正确、项目名称准确、签字和日期完整。

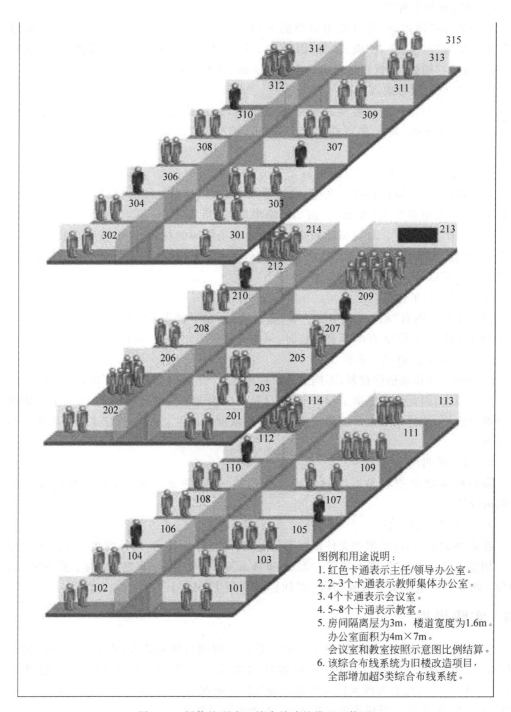

图例和用途说明：
1. 红色卡通表示主任/领导办公室。
2. 2~3个卡通表示教师集体办公室。
3. 4个卡通表示会议室。
4. 5~8个卡通表示教室。
5. 房间隔离层为3m，楼道宽度为1.6m。
   办公室面积为4m×7m。
   会议室和教室按照示意图比例结算。
6. 该综合布线系统为旧楼改造项目，
   全部增加超5类综合布线系统。

图 3-64　网络培训中心综合楼建筑模型立体图

1. 实训目的

（1）通过工作区信息点数量统计表项目实训，掌握工作区信息点数量的设计要点和统计方法。

102

（2）熟练掌握信息点数统计表的设计和应用方法。

（3）训练工程数据表格的制作方法和能力。

2．实训要求

（1）完成网络综合布线系统工程信息点的设计。

（2）使用 Microsoft Excel 工作表软件完成点数统计表。

3．实训步骤

（1）分析项目用途、归类。例如，教学楼、管理间、会议室等。

（2）工作区分类和编号。

（3）制作点数统计表。

（4）填写点数统计表。

（5）打印点数统计表。

4．实训报告要求

（1）掌握点数统计表制作方法，计算出全部信息点的数量和规格。

（2）基本掌握 Microsoft Excel 工作表软件在工程技术中的应用。

（二）综合布线系统图设计实训

要求使用 Visio 或者 AutoCAD 软件，图面布局合理，图形正确，符号标记清楚，连接关系合理，说明完整，标题栏合理（包括项目名称、签字和日期）。

1．实训目的

（1）通过综合布线系统图设计实训，掌握综合布线系统图设计要点和方法。

（2）熟练掌握制图软件的操作方法。

2．实训要求

（1）完成网络培训中心综合楼建筑模型的综合布线系统图设计。

（2）使用 Visio 制图软件完成综合布线系统图。

（3）参照本单元介绍设计。

3．实训步骤

（1）创建 Visio 绘图文件。

（2）绘制配线设备图形。

（3）设计网络连接关系。

（4）添加设备图形符号和说明。

（5）设计编制说明。

（6）设计标题栏。

（7）打印综合布线系统图。

4．实训报告要求

（1）分析设计综合布线系统图的设计要点和方法。

（2）基本掌握 Visio 制图软件在工程技术中的应用。

（三）编制综合布线工程信息点端口对应表实训

要求按照表 3-6 格式编制该网络综合布线系统端口对应表。要求项目名称准确，表格设计合理，信息点编号正确，签字和日期完整。

每个信息点编号必须具有唯一的编号,编号有顺序和规律,以方便施工和维护。信息点编号内容和格式如下:工作区编号—网络插口编号—楼层机柜编号—配线架编号—配线架端口编号等信息。

表 3-6　系统端口对应表

序号	信息点编号	机柜编号	配线架编号	配线架端口编号	插座底盒编号	房间编号

编制人:　　　　　　　　　　　　　　　　　　　　　　　时间:

1. 实训目的

(1) 通过编制信息点端口对应表实训,掌握端口对应表的编制要点和方法。

(2) 掌握端口对应表在工程技术中的作用。

(3) 熟练掌握 Microsoft Word 软件或 Microsoft Office Excel 软件的操作方法。

2. 实训要求

(1) 完成网络培训中心综合楼建筑模型的信息点端口对应表编制。

(2) 使用 Microsoft Word 软件或 Microsoft Office Excel 软件完成。

(3) 参照本单元介绍设计。

3. 实训步骤

(1) 文件命名和表头设计。

(2) 设计表格。

(3) 填写机柜编号。

(4) 填写配线架编号。

(5) 填写配线架端口编号。

(6) 填写插座底盒编号。

(7) 填写房间编号。

(8) 填写信息点编号。

(9) 填写编制人和单位等信息。

(10) 打印端口对应表。

4. 实训报告要求

(1) 分析编制综合布线工程信息点端口对应表的编制要点。

(2) 分析端口对应表在工程技术中的应用。

(四) 施工图设计实训

要求设备间、管理间、工作区信息点位置选择合理,器材规格和数量配置合理;垂直子系统、水平子系统布线路由合理,器材选择正确;文字说明清楚和正确;标题栏完整并且签署机位号和日期。

1. 实训目的

(1) 通过设计施工图实训,掌握施工图的设计要求和方法。

(2) 掌握施工图在工程技术中的作用。

(3) 熟练掌握 Visio 或 AutoCAD 制图软件的操作方法。

2. 实训要求

(1) 完成网络培训中心综合楼建筑模型的施工图设计。

(2) 使用 Visio 软件完成。

(3) 参照本单元介绍设计。

3. 实训步骤

(1) 创建 Visio 绘图文件。

(2) 绘制建筑物平面图。

(3) 设计信息点位置。

(4) 设计管理间位置。

(5) 设计水平子系统布线路由。

(6) 设计垂直子系统路由。

(7) 设计局部放大图。

(8) 添加文字说明。

(9) 增加设计说明。

(10) 设计标题栏。

(11) 打印施工图。

4. 实训报告要求

分析施工图设计要求。

(五) 编制材料统计表实训

要求按照表 3-7 格式,编制该工程项目材料统计表。要求材料名称正确,规格/型号合理,数量合理,用途说明清楚,品种齐全,没有漏项或者多余项目。

表 3-7 项目材料统计表

序号	材料名称	型号或规格	数量	单位	品牌或厂家	说明

编制人: 时间:

1. 实训目的

(1) 通过编制材料统计表实训,掌握材料统计表的编制要求和方法。

(2) 掌握材料统计表在工程技术中的作用。

2. 实训要求

(1) 完成网络培训中心综合楼建筑模型的材料统计表编制。

(2) 参照本单元介绍设计。

3. 实训步骤

(1) 文件命名和表头设计。

(2) 填写序号栏。

(3) 根据使用的材料,填写材料名称栏。

（4）根据使用的材料规格，填写材料型号或规格栏。

（5）根据使用的材料数量，填写材料数量栏。

（6）填写材料单位栏。

（7）填写材料品牌或厂家栏。

（8）填写说明栏。

（9）填写编制者信息。

（10）打印材料统计表。

4. 实训报告要求

（1）分析材料统计表编制要求。

（2）列出材料统计表包含哪些信息。

【复习思考题】

1. 简述编制点数统计表的步骤。

2. 简述编制端口对应表的步骤。

3. 简述绘制施工图注意事项有哪些。

模块 4　编制综合布线系统方案设计书

一、教学目标

【知识目标】

1. 了解综合布线系统规划和设计的基本步骤。

2. 掌握方案设计过程。

3. 掌握方案编写方法和格式。

【技能目标】

1. 能描述综合布线系统规划和设计的基本步骤。

2. 能独立完成方案设计。

二、工作任务

学习综合布线系统设计书的编写方法和基本格式。

三、相关知识点

综合布线系统设计方案是工程规范化设计的核心内容。它将作为工程的核心技术资料来指导所有的后续工程活动，包括备货、施工准备、施工督导、安装、测试、验收以及布线系统的维护等。详细设计应由工程负责人来完成。详细设计过程应在详细设计指南和样本的基础上进行，以得到规范化的施工技术和管理核算的详细指标。

在进行详细设计前，要从客户或设计单位签单人员处获取足够的有关甲方的需求、综合布线工程实际情况以及设计供货的信息。

（1）合同条款。

（2）建筑平面图。如果涉及了其他系统，则还需要相应系统的平面图和系统图。

（3）询问甲方以下内容。

- 竖井位置。
- 主机房位置。
- 如果有电话线路，则要弄清电话外线的进线位置。
- 确认是否有和其他建筑物互连的需求，如果有则要弄清室外光纤的情况：是否已有、从哪里进楼、由谁来做等。

（4）进行现场勘察，根据实际情况和甲方的要求确定槽道铺设方式。

（5）询问我方布线系统器件备货以及供货渠道的情况。

（一）设计风格

建议设计宜具有如下风格。

（1）言简意赅，不说任何纯装饰性的话。布线系统详细设计中描述性的文字往往用于描述系统结构、器件选配的缘由和器件的特点等。

（2）图文并茂。示意图往往有利于直观表达，易于理解。表格则适合于表达器件数量统计过程。

（3）排版清晰美观。通过标题样式（Heading Style）表达内容的不同层次，尽可能地通过 List 和 Bullet 表达罗列性的描述，避免大段冗长的描述。

（二）参考资料

进行设计时，设计者需持有下列资料。

（1）甲方需求说明。

（2）该工程的建筑平面图（或弱电平面图）。

（3）合同。

（4）移交文档。

（5）"综合布线系统详细设计样本"。

（三）设计内容

完整的"综合布线系统设计方案"应包括如下章节。

第 1 章　前言

第 2 章　定义与惯用语

第 3 章　综合布线系统的概念

第 4 章　综合布线系统的设计

4.1　概述

4.1.1　工程概况

4.1.2　布线系统器件的选型

4.1.3　布线系统总体结构

4.2　工作区子系统的设计

4.3　水平子系统的设计

4.4　管理间子系统的设计

107

下面介绍"详细设计"每一章中应注意的问题。

第 1 章 前言

这一章中应包括的内容如下。

(1) 客户的单位名称。

(2) 工程的名称。

(3) 设计单位(施工方)的名称。

(4) 设计的时机、意义和针对的读者。

(5) 设计的内容。

第 2 章 定义与惯用语

这一章的内容对所有设计是基本相同的。这一章应对设计中用到的综合布线系统的通用术语、自定义的惯用语作出解释,以利于用户对设计进行的精确理解。

第 3 章 综合布线系统的概念

这一章的内容对所有设计是完全相同的,主要是 GB 50311 所规定的综合布线系统的七个子系统的结构以及每个子系统所包括的器件,同时应包括综合布线系统的结构示意图。

第 4 章 综合布线系统的设计

4.1 概述

4.1.1 工程概况

此节应至少包括如下内容。

- 楼宇的主楼地上层数和地下层数。

- 裙楼层数。

- 各层房间的功能概况,比如是写字间、酒店客房、商场或餐厅等。

- 楼宇平面的形状和尺寸,比如方形平面的总长、总宽或圆形平面的直径。

- 层高。各层的层高有可能不同,要列清楚,这关系到电缆长度的计算。

- 竖井的位置,竖井中有哪些其他线路,比如消防报警、有线电视、音响和自控等。如果没有专用竖井,则要说明垂直电缆管道的位置。

- 甲方选定的主机房位置。

- 电话外线的端接点。

- 如果有建筑群子系统,则要说明室外光缆入口。

- 楼宇的典型平面图(嵌入的 AutoCAD 对象),图中标明主机房和竖井的位置。

4.1.2 布线系统器件的选型

(1) 双绞线/光纤：设计上除建筑群子系统外，应尽可能地只用双绞线而不采用光纤，因为光纤会大幅度地增加布线和网络设备的成本及安装、维护的难度。光纤宜在下列情况下采用。

- 甲方投资充足。
- 布线系统规模较大。
- 最远信息点距网络设备距离超过 100m。
- 信息点分成在几个较独立的功能区域而每个功能区域的信息点有单独的网络机房来管理。

(2) 布线系统器件品牌：对于公司目前主推某一品牌的综合布线产品，在用户没有特别的品牌偏好的情况下，应选用该产品。

(3) 屏蔽/非屏蔽：在用户投资充足的情况下，应尽量地推荐 IBM 的全程屏蔽解决方案。

(4) 3/5/6 类器件：作为综合布线系统的水平子系统的每个信息点，应该既能接计算机又能接电话。因此，水平子系统的器件应尽可能全部采用 5/6 类器件，而垂直主干和主管理间的器件可对应于计算机和电话线路分别采用 5/6 类和 3 类。

4.1.3 布线系统总体结构

此节应包括该布线系统的系统图和系统结构的文字描述。系统图建议使用嵌入的 Visio 2000 对象，图中应表达如下信息。

- 按层分布的各种信息点的数量。
- 主配线架。
- 所有的分配线架。
- 各配线架之间的连接关系。
- 各分配线架与所管理的信息点的连接关系。
- 电话外线和建筑群子系统的光纤与配线架的连接关系。
- 标注各子系统选用的器件型号。

总体结构设计内容包括以下方面。

- 各种线路主配线架位置。
- 分配线架数量和位置。
- 配线架之间的连接关系。

总体结构设计取决于下列因素。

- 系统规模。
- 甲方的要求。
- 竖井和设备间的位置。
- 主机房的位置。
- 楼的总长、宽、高是否超过 100m。
- 实际环境电磁干扰的情况。

总体结构设计宜参考下列原则进行。

- 尽可能全部选用同一品牌的器件。

- 在距离不超过100m的情况下,尽可能地实现完全的集中管理。即单一主配线架直接或间接地管理所有信息点。这样给应用以最大的灵活性,比如所有信息点可以任意地组合以太网段。这种原则较适用于中小规模的布线系统。
- 在距离不超过100m的情况下,尽可能不采用光纤,因为光纤的采用降低了灵活性,增加了设备的复杂性和成本。
- 尽可能采用全程屏蔽方案,同时考虑接地方法。
- 如果布线系统既包括电话线路又包括计算机线路,则尽可能地实现电话和计算机插座的可互补性,即电话插座可以改接计算机,计算机插座可以改接电话。这正是"综合布线系统"中"综合"的意义所在。要满足这一要求,做到下述任何一点即可。
  - ➤ 计算机和电话系统主配线架都用110端子板,而且放在同一配线箱内。这样,允许在主配线架把任意信息点跳到电话交换机或跳到 Hub。
  - ➤ 计算机和电话系统共用110卫星配线架,从而允许在分配线架把某一信息点跳到计算机主干时,先连到计算机主配线架再上 Hub,或跳到电话主干时先连到电话主配线架再上交换机。
  - ➤ 在分置计算机和电话主配线架的情况下,在计算机主配线架和电话主配线架之间敷设一定数量的双绞线,从而允许通过此主干实现任何信息点的功能更换。

4.2　工作区子系统的设计

此节应描述工作区的器件选配和用量统计。

工作区的器件主要是计算机成品连线和转换器。成品连线有多种长度可选,常用的转换器包括"RJ-45插孔—RJ-45插孔"转换器和"RJ-45插孔—串行口"转换器等。如果要手工制作计算机和电话的连线,则要配足所需的工具和器件,包括 RJ-45插头、UTP电缆、RJ-45压接工具、测线工具。插座数量统计表应以表格描述按楼层分布的各种插座的数量和总计数量。

4.3　水平子系统的设计

水平子系统设计应包括信息点需求、信息插座设计和水平电缆设计三部分。

信息点需求部分应以链接的 Excel 表格描述按楼层分布(对于大规模的工程还可再按区细分)的各种信息点数量和总计数量。

各信息点的位置应在附录的平面图中标明。

信息插座设计包括插座的组成器件的选配方法和数量统计。插座器件选配应说明选用的插座套件的型号或分别具体描述插座面板的型号和插孔数、插座芯(3类和5类)的型号、暗盒的型号以及防尘盖等。表格形式见表3-5。

水平电缆的设计应包括以下内容。

- 水平电缆在此布线系统中的位置:从哪些配线架连到哪些插座。
- 选配的水平电缆的型号:计算机和电话信息点分别采用哪种型号的电缆,该电缆的 TIA 类别和特点,这样选择的优点。
- 水平电缆数量与信息点数量的关系:一条线带一个计算机信息点,或一条线带一个计算机信息点加一个电话信息点,或一条线带两个电话信息点。
- 各种水平电缆数量的计算。

4.4　管理间子系统的设计

此节应描述该布线系统中每个配线架的位置、用途、规格型号、数量统计和各配线架的缆线端接位置图。描述宜采用文字和表格相结合的形式。

管理间子系统器件包括交换机、配线架、理线环、跳线等。器件数量的计算与所管理的信息点数量、水平缆线与信息点数量的对应关系以及所连接的主干缆线的对数有关。配线架跳线一定要选择足够数量的多种长度的短跳线(0.5~1m),否则配线架将是一团乱麻。

典型的情况下总配线架包括与本层水平缆线相连的部分、与垂直主干相连的部分、与设备相连的部分和与建筑群主干相连的部分。电话主配线架情况还要复杂,电话主配线架包括与电话外线相连的部分、与水平缆线或垂直主干缆线相连的部分、与电话交换机的外线连线相连的部分和与交换机的内线连线相连的部分。设计时各部分的配线架器件都要配足。

以上是管理子系统设计的器件选配过程。另一方面,此部分还包括配线架的端口对应表,这是指导缆线分组和配线架安装的重要信息。配线架的端口对应表表明了在配线箱或配线柜中配线架和理线架等器件的分布位置示意和编号。格式可参考表 3-4。

4.5　垂直干线子系统的设计

此节应描述垂直主干的器件选配和用量统计以及主干编号规则。

器件选配包括所选主干缆线的类别、型号、作用和主干缆线的数量选配原则,用量统计用表格来表达,主配线架到每个卫星配线架的主干长度在表中占一行。

垂直主干的器件种类主要是 3 类大对数缆线、5 类大对数缆线和光纤。一般情况下,计算机线路的主干配 5 类大对数缆线,5 类大对数缆线最多只有 25 对。电话线路的主干配 3 类大对数缆线,3 类大对数缆线则有 25 对、100 对等多种,但 25 对最常用。光纤一般配多模 6 芯的,但随应用的情况会有所不同。

垂直主干的每种缆线用量＝缆线根数×缆线长度。其中缆线根数随甲方的资金情况和应用的需要不同可以有很大的灵活性,每个分配线架到主配线架的主干可以配满或不满。配满就是从分配线架到主配线架的主干缆线的对数等于该分配线架所连的水平缆线的总对数,这样该分配线架所管理的所有信息点可以同时开通,其优点是管理维护方便,无须为开通信息点再分配线架并调整跳线,缺点是成本高。不配满时,从分配线架到主配线架的主干缆线的对数等于该分配线架所管理的信息点需要同时开通的对数之和。

主干长度＝分配线架端余长＋分配线箱到吊顶上线槽的距离＋竖井到分层配线架的水平长度＋竖井内垂直长度＋竖井到主配线架的水平长度＋主配线箱到吊顶上线槽的距离＋主配线架端余长。

4.6　设备间子系统的设计

设备间子系统主要包括管理设备以及设备之间连接的跳线,设备之间要配多种长度且尽可能短的跳线,否则主配线架会很乱。

如果需要手工制作跳线,则要配 RJ-45 插头和压接工具。

如果有光纤,则要配光纤跳线,这也属于设备子系统。

4.7　布线系统工具

在综合布线工程中,常常要用到多种施工工具。我们以综合布线工程实训工具箱为例分别进行说明,如图 3-65 所示为工具箱,其工具名称和用途如表 3-8 所示。

图 3-65　网络管理员工具箱

表 3-8　工具箱配置表

类　别	技　术　规　格			
产品型号	KYGJX-15			
外形尺寸	长为 0.48m，宽为 0.29m，高为 0.10m			
配套工具	序号	工具名称	规格	数量	用　途
	1	网络压线钳	RJ-45	1 把	主要用于压接水晶头，辅助作用为剥线
	2	网络打线钳	单口	2 把	主要用于网线打线
	3	旋转剥线钳		2 把	用于剥取网线外皮
	4	活扳手	150mm	1 个	主要用于拧紧螺母
	5	多用剪刀		1 把	适用于剪一些相对柔软的物件
	6	钢卷尺	2m	1 把	主要用于量取耗材、布线长度
	7	十字螺丝刀	100mm	2 把	主要用于十字槽螺钉的拆装
	8	电动起子		1 把	主要用于拧紧和旋松螺丝
	9	充电电池		2 块	电动起子配套使用
	10	充电器		1 个	电动起子充电时使用
	11	十字钻头		5 个	配合电动工具并用于十字槽螺钉的拆装
	12	麻花钻头	$\phi6$	2 个	用于在需要开孔的材料上钻孔
	13	麻花钻头	$\phi8$	2 个	

　　工具的使用这里不再详细说明，主要介绍一下电动起子(见图 3-66)的使用注意事项。

　　(1) 电钻属于高速旋转工具，一般速度为 600 转/分钟。必须谨慎使用，保护人身的安全。

　　(2) 禁止使用电钻在工作台、实验设备上打孔。

　　(3) 禁止使用电钻玩耍或者开玩笑。

　　(4) 首次使用电钻时，必须阅读说明书，并且在老师指导下进行，如图 3-67 所示。

　　(5) 装卸劈头或者钻头时，必须注意旋转方向开关。逆时针方向旋转卸钻头，顺时针方向旋转拧紧钻头或者劈头。

　　将钻头装进卡盘时，请适当地旋紧套筒。如果没有将套筒旋紧，钻头将会滑动或脱落，从而引起人体的受伤事故。

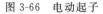

图 3-66 电动起子　　　　　　　　图 3-67 电动起子的使用

（6）请勿连续使用充电器。每充完一次电后，需等 15 分钟左右，让电池降低温度后再进行第二次充电。每个电钻配有两块电池，一块可以使用，一块用于充电，两块电池轮流使用。

（7）电池充电不可超过 1 小时。大约用 1 小时电池即可完全充电。因此，应立即将充电器电源插头从交流电插座中拔出。平时充电时应注意观察充电器指示灯，红灯表示正在充电。

第 5 章　综合布线系统施工方案

此章的目的是作为设计的一部分来阐述总的槽道铺设方案，而不是指导施工，因此不包括管槽的规格，另有专门的给施工方的文档用于指导施工。此节的内容应至少包括以下方面。

- 插座盒的规格和埋设方法。
- 水平槽道的铺设方法。各段采用钢管还是线槽，走吊顶上面还是地面上。
- 垂直槽道的铺设方法。采用线槽还是梯架或钢管。
- 配线箱的安装位置和安装方法。安装位置可能在竖井内或机房内或其他地方，安装方法可能是暗嵌在墙内或固定在墙表面或落地放置。
- 设计方与施工方的责任分配。包括设计、缆线的提供、钢管和线槽等施工材料的提供、配线箱的提供、插座暗盒的提供、穿线、施工督导以及布线器件的安装测试等事项的责任都要说清楚。
- 施工的质量保证方法。包括施工前的讲解要求、施工中的指导和施工阶段完成后的检查。

第 6 章　综合布线系统的维护与管理

此章应包括布线系统竣工交付使用后，甲方的系统管理员进行系统维护所需的技术资料，包括以下方面。

（1）信息点编号规则。

（2）端口对应编号规则。

（3）布线系统管理文档。

此部分应列出竣工时交给用户的文档以及用户自己生成和维护的布线系统管理文档。

交给用户的文档包括以下方面。

(1) 合同。

(2) 布线系统详细设计。

(3) 布线系统竣工文档，内容包括：

- 信息点编号表。
- 端口对应表。
- 配线架缆线端接位置图。
- 配线架缆线端接色序。
- 竣工图纸。
- 线路测试报告。

第7章　综合布线系统支持的应用协议和标准

此部分内容对所有工程都是相同的，包括所支持的网络协议、遵照的综合布线标准、测试标准和参考的其他标准。

第8章　验收测试

一般要进行两种测试：线路测试和设备连机测试。应对测试链路模型、所选用的测试标准和缆线类型、测试指标和测试仪做简略介绍。

第9章　培训、售后服务与保证期

此部分内容是针对工程结束后，对用户的培训计划和培训内容、工程售后服务保证及工程保证期限的说明。

第10章　综合布线系统设备及材料总清单

此部分内容是综合布线系统工程器材清单及报价。格式如表3-9所示。

表3-9　综合布线系统工程器材清单及报价表

序号	设备名称	规格型号	单位	数量	单价	合计	品牌

第11章　图纸：综合布线系统图和综合布线系统平面图

图纸包括图纸目录、图纸说明、系统图和各层平面图。图纸的绘制参见相应的图纸绘制指南。

四、实践操作

根据本模块所学内容设计本校综合布线系统工程方案。

【复习思考题】

简述编制综合布线系统方案设计书包含的内容有哪些。

项目4 综合布线工程施工安装技术

综合布线工程施工是实现设计方案的关键环节,综合布线施工工程是一个理论与实践相结合的过程,在施工中,应在执行设计方案和工程规范的前提下灵活运用施工技术处理一些细节问题。

本项目通过综合布线工程的各个子系统施工技术的介绍,掌握综合布线工程施工安装技术。

一、教学目标

【知识目标】

1. 掌握工作区子系统的安装和施工技术。
2. 掌握水平子系统的安装和施工技术。
3. 掌握管理间子系统的安装和施工技术。
4. 掌握垂直子系统的安装和施工技术。
5. 掌握设备间子系统的安装和施工技术。
6. 掌握建筑群子系统的安装和施工技术。

【技能目标】

1. 能独立完成工作区子系统的安装施工。
2. 能独立完成水平子系统的安装施工。
3. 能独立完成管理间子系统的安装施工。
4. 能独立完成垂直子系统的安装施工。
5. 能独立完成设备间子系统的安装施工。
6. 能独立完成建筑群子系统的安装施工。

二、工作任务

调研各子系统的安装规范,了解其安装要求,掌握水平子系统、管理间子系统、垂直子系统、设备间子系统、建筑群子系统的安装和施工方法。

模块 1 工作区子系统安装技术

一、教学目标

【知识目标】

1. 了解工作区的基本概念。

2. 掌握工作区子系统的设计原则。

3. 掌握工作区子系统器材的选用原则。

4. 掌握工作区子系统的安装技术。

【技能目标】

1. 能描述工作区子系统所用设备和耗材。

2. 能进行工作区子系统安装施工。

二、工作任务

1. 调研工作区子系统包含的内容。

2. 调研工作区子系统所用设备和耗材。

3. 学习工作区子系统的安装和施工技术。

三、相关知识点

（一）工作区的基本概念和工程应用

综合布线系统工作区的应用在智能建筑中随处可见，就是安装在建筑物墙面或者地面的各种信息插座，有单口插座，也有双口插座，如图 4-1 所示为工作区子系统实际应用案例图。

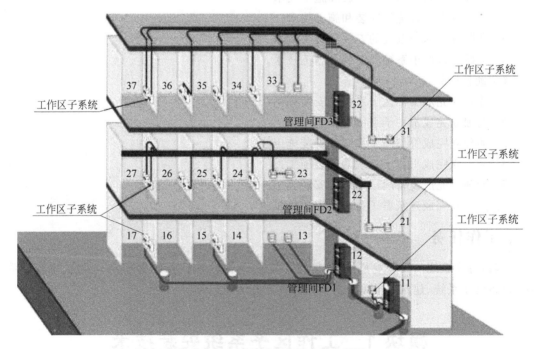

图 4-1　工作区子系统实际应用案例图

墙面安装的插座一般为 86 系列，插座为正方形，长 86mm，宽 86mm，常见的为白色塑料制造。一般采用暗装方式，把插座底盒暗藏在墙内，只有信息面板突出墙面，如图 4-2 所示，暗装方式一般配套使用线管，线管也必须暗装在墙面内。也有突出墙面的明装方式，插座底盒和面板全部明装在墙面，适合旧楼改造或者无法暗藏安装的场合，如图 4-3 所示。

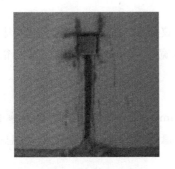

图 4-2　墙面暗装底盒

图 4-3　墙面明装底盒

地面安装的插座也称为"地弹插座",使用时只要推动限位开关,就会自动弹起。一般为 120 系列,常见的插座分为正方形和圆形两种,正方形长 120mm,宽 120mm。如图 4-4 所示为方形地弹插座,圆形直径为 ϕ150mm。如图 4-5 所示圆形地弹插座,地面插座要求抗压和防水功能,因此都是用黄铜材料铸造而成。

图 4-4　方形地弹插座

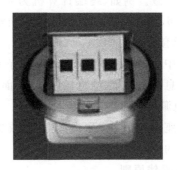

图 4-5　圆形地弹插座

插座底盒内安装有各种信息模块,有光模块、电模块、数据模块、语音模块等。

按照缆线种类区分,有与电缆连接的电模块和与光缆连接的光模块。

按照屏蔽方式区分,有屏蔽模块和非屏蔽模块。

按照传输速率区分,有 5 类模块、超 5 类模块、6 类模块、7 类模块。

按照实际用途区分:有数据模块和语音模块等。

在 GB 50311—2007《综合布线系统工程设计规范》中,明确规定了综合布线系统工程"工作区"的基本概念,工作区就是"需要设置终端设备的独立区域"。这里的工作区是指需要安装计算机、打印机、复印机、考勤机等网络终端设备的一个独立区域。在实际工程应用中一个网络插口为 1 个独立的工作区,也就是一个网络模块对应一个工作区,而不是一个房间为 1 个工作区,在一个房间往往会有多个工作区。

如果一个插座底盒上安装了一个双口面板和两个网络插座时,标准规定为"多用户信息插座"。在工程实际应用中,为了降低工程造价,通常使用双口插座,有时为双口网络模块,有时为双口语音模块,有时为 1 口网络模块和 1 口语音模块组合成多用户信息插座。

（二）工作区子系统的设计原则

在工作区子系统的设计中,一般要遵守下列原则。

1. 优先选用双口插座原则

一般情况下,信息插座宜选用双口插座。不建议使用三口或者四口插座,因为一般墙面安装的网络插座底盒和面板的尺寸为长为 86mm,宽为 86mm,底盒内部空间很小,无法保证和容纳更多网络双绞线的曲率半径。

2. 插座高度为 300mm 的原则

在墙面安装的信息插座距离地面高度为 300mm。在地面设置的信息插座必须选用金属面板,并且具有抗压防水功能。在学生宿舍家居遮挡等特殊应用情况下,信息插座的高度也可以设置在写字台以上位置。

3. 信息插座与终端设备 5m 以内原则

为了保证传输速率和使用方便及美观,GB 50311 规定,信息插座与计算机等终端设备的距离宜保持在 5m 范围内。

4. 信息插座模块与终端设备网卡接口类型一致原则

GB 50311 规定,插座内安装的信息模块必须与计算机、打印机、电话机等终端设备内安装的网卡类型一致。例如,终端计算机为光模块网卡时,信息插座内必须安装对应的光模块。计算机为 6 类网卡时,信息插座内必须安装对应的 6 类模块。

5. 数量配套原则

一般工程中大多数使用双口面板,也有少量的单口面板。因此在设计时必须准确计算工程使用的信息模块数量、信息插座数量、面板数量等。

6. 配置电源插座原则

在信息插座附近必须设置电源插座,减少设备跳线的长度。为了减少电磁干扰,电源插座与信息插座的距离应大于 200mm。

7. 配置软跳线原则

从信息插座到计算机等终端设备之间的跳线一般使用软跳线,软跳线的线芯应为多股铜线组成,不宜使用线芯直径 0.5mm 以上的单芯跳线,长度一般小于 5m。6 类电缆综合布线系统必须使用 6 类跳线,7 类电缆综合布线系统必须使用 7 类跳线,光纤布线系统必须使用对应的光纤跳线。

【特别注意】 在屏蔽布线系统中,禁止使用非屏蔽跳线。

8. 配置专用跳线原则

工作区子系统的跳线宜使用工厂专业化生产的跳线,不允许现场制作跳线,这是因为现场制作跳线时,往往会使用工程剩余的短线,而这些短线已经在施工过程中承受了较大拉力和多次拐弯,缆线结构已经发生了很大的改变。另外实际工程经验表明在信道测试中影响最大的就是跳线,在 6 类、7 类布线系统中尤为明显,信道测试不合格的主要原因往往是两端的跳线造成的。

9. 配置同类跳线原则

跳线必须与布线系统的等级和类型相配套。例如,在 6 类布线系统中必须使用 6 类跳线,不能使用 5 类跳线,在屏蔽布线系统不能使用非屏蔽跳线,在光缆布线系统必须使用配套的光缆跳线,光缆跳线使用室内光纤,没有铠装层和钢丝,比较柔软。国际电联标准对光缆跳线的规定是橙色为多模跳线,黄色为单模跳线。

（三）工作区子系统器材选用原则

1. 信息插座选用原则

每个工作区至少要配置一个插座。对于难以再增加插座的工作区,要至少安装两个分离的插座。信息插座是终端(工作站)与水平子系统连接的接口。其中最常用的为 RJ-45 信息插座,即 RJ-45 连接器。

信息插座的选用应遵循以下原则。

(1) 对于墙面式安装的信息插座,应选用普通信息插座。一般为 86 系列。分为底盒和面板两部分,在面板中卡装网络模块。一般底盒为钢制或者塑料制品,面板为塑料制品。

(2) 对于地面式安装的信息插座,应选用地弹信息插座。一般为方形 120mm 系列和圆形 10mm 系列。分为底盒和面板两部分,在面板中卡装网络模块。一般底盒为钢制,面板为铸铜制造,具有防水抗压功能。

(3) 家居布线应注重美观因素,对于墙面安装的信息插座应采用暗装方式,将底盒暗埋于墙内。

(4) 工作区宜选用双口插座。

2. 跳线的选用原则

(1) 跳线使用的缆线必须与水平子系统缆线类别和等级相同,并且符合相关标准的规定。

例如,在屏蔽系统只能使用专用屏蔽跳线,不能使用非屏蔽跳线。

(2) 跳线宜使用软跳线,不宜使用单芯应跳线。

(3) 每个信息点需要配置 1 根跳线。

(4) 跳线的长度通常为 2～3m,最长不超过 5m。

(5) 跳线宜选用工业化专业生产的成品,不宜手工制作。在 6 类或 7 类双绞线布线系统尤为重要。

(6) 如果水平子系统采用光缆布线,光纤跳线芯径和类别必须与水平子系统布线保持一致。

常见的跳线规格如表 4-1 所示。

表 4-1 跳线种类和规格表

技术参数＼类别	5 类跳线	超 5 类跳线	6 类跳线	7 类跳线
频率(MHz)	1～100	1～100	1～250	1～600
带宽(Mbps)	100	100	250	620
特性阻抗(Ω)	100	100	100	100

（四）工作区子系统的安装技术

1. 信息插座安装位置

GB 50311—2007《综合布线系统工程设计规范》国家标准第 6 章"安装工艺要求"中对工作区的安装工艺提出了如下具体要求。

(1) 地面安装的信息插座,必须选用地弹插座,并嵌入地面安装,使用时打开盖板,不使用时盖板应该与地面高度相同。

（2）墙面安装的信息插座底部离地面的高度宜为 0.3m，嵌入墙面安装，使用时打开防尘盖插入跳线，不使用时防尘盖自动关闭。与电源插座保持一定的距离。

2. 信息插座安装原则

信息插座的安装包括底盒安装、模块安装和面板安装。我们先来介绍信息插座安装原则，然后分别陈述底盒、模块和面板的安装步骤。

信息插座的安装，需要遵循下列原则。

（1）在教学楼、学生公寓、实验楼、住宅楼等不需要进行二次区域分割的工作区，信息插座宜设计在非承重的隔墙上，并靠近设备使用位置。

（2）写字楼、商业、大厅等需要进行二次分割和装修的区域，信息点宜设置在四周墙面上，也可以设置在中间的立柱上，但要考虑二次隔断和装修时的扩展方便性和美观性。大厅、展厅、商业收银区在设备安装区域的地面宜设置足够的信息点插座。墙面插座底盒下缘距离地面高度为 0.3m，地面插座底盒应低于地面。

（3）学生公寓等信息点密集的隔墙，宜在隔墙两面对称设置。

（4）银行营业大厅的对公区、对私区和 ATM 自助区信息点的设置要考虑隐蔽性和安全性。特别是离行式 ATM 机的信息插座不能暴露在客户区。

（5）电子屏幕、指纹考勤机、门警系统信息插座的高度宜参考设备的安装高度设置。

3. 插座底盒的安装步骤

插座底盒安装时，一般按照下列步骤进行。

（1）检查质量和螺丝孔。打开产品包装，检查合格证，目视检查产品的外观质量情况和配套螺丝。重点检查底盒螺丝孔是否正常，如果其中有 1 个螺丝孔损坏时坚决不能使用。

（2）去掉挡板。根据进出线方向和位置，去掉底盒预留孔中的挡板。注意需要保留其他挡板。如果全部取消后，在施工中水泥沙浆会灌入底盒。

（3）固定底盒。明装底盒按照设计要求用膨胀螺丝直接固定在墙面。暗装底盒首先使用专门的管接头把线管和底盒连接起来，这种专用接头的管口有圆弧，既方便穿线，又能保护线缆不被划伤或者损坏。然后用膨胀螺丝或者水泥沙浆固定底盒。

同时注意底盒嵌入墙面不能太深，如果太深，配套的螺丝长度不够，则无法固定面板。

（4）成品保护。暗装底盒的安装一般在土建过程中进行，因此在底盒安装完毕后，必须进行成品保护，特别要保护螺丝孔，防止水泥沙浆灌入螺孔或者穿线管内。一般做法是在底盒外侧盖上纸板，也有用胶带纸保护螺孔的做法。具体过程如图 4-6～图 4-9 所示。

图 4-6　检查底盒

图 4-7　去掉上方挡板

图 4-8　固定底盒

图 4-9　底盒保护

4. 网络模块安装步骤

网络数据模块和电话语音模块的安装方法基本相同,一般安装步骤如下:

准备材料和工具→清理和标记→剥线→分线→压线→安装防尘盖→理线→卡装模块。

详细步骤如下:

(1) 准备材料和工具。在每次开工前,必须一次领取当班需要的全部材料和工具,包括网络数据模块、电话语音模块、标记材料、压接工具等,如图 4-10 所示。

(2) 清理和标记。清理和标记非常重要,在实际工程施工中,一般在底盒安装和穿线较长时间后,才能开始安装模块,因此安装前要首先清理底盒内堆积的水泥沙浆或者垃圾,然后将双绞线从底盒内轻轻取出,清理表面的灰尘重新做编号标记,标记位置距离管口约60~80mm,注意做好新标记后才能取消原来的标记,如图 4-11 所示。

图 4-10　准备材料和工具

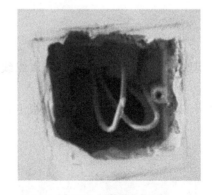

图 4-11　清理和标记

(3) 剥线。剥线之前需要先确定剥线长度(15mm),然后使用带剥线功能的压接工具剥掉双绞线的外皮,特别注意不要损伤线芯和线芯绝缘层,如图 4-12 所示。

(4) 分线。一般按照 568B 线序将双绞线分为 4 对线,穿过相应的卡线槽,再将每对线分开,分成独立的 8 芯线,如图 4-13 所示。

(5) 压线。按照模块上标记的线序色谱,将 8 芯线逐一放入对应的线槽内,完成压接,同时裁剪掉多余的线芯,如图 4-14 所示。

图 4-12 剥线

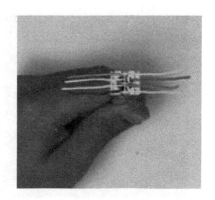

图 4-13 分线

（6）安装防尘盖。压接完成后，将模块配套的防尘盖卡装好，既能防尘又能防止线芯脱落，如图 4-15 所示。

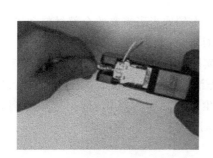

图 4-14 压线

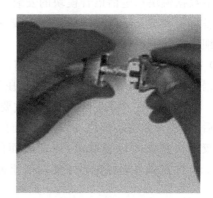

图 4-15 安装防尘盖

（7）理线。模块安装完毕后，把双绞线电缆整理好，保持较大的曲率半径，如图 4-16 所示。

（8）卡装模块。把模块卡装在面板上，一般数据在左口，语音在右口，如图 4-17 所示。

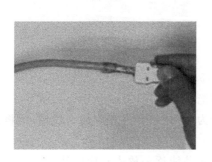

图 4-16 理线

图 4-17 卡装模块

5. 面板安装步骤

面板安装是信息插座最后一道工序，一般应该在端接模块后立即进行，以保护模块。安装时将模块卡接到面板接口中。如果双口面板上有网络和电话插口标记时，按照标记口位置安装。如果双口面板上没有标记时，宜将网络模块安装在左边，电话模块安装在右边，并且在面板表面做好标记。具体步骤如下：

（1）固定面板。将卡装好模块的面板用两个螺丝固定在底盒上。要求横平竖直，用力均匀，固定牢固。特别注意墙面安装的面板为塑料制品，不能用力太大，以面板不变形为原则。

（2）面板标记。面板安装完毕，立即做好标记，将信息点编号粘贴或者卡装在面板上。

（3）成品保护。在实际工程施工中，面板安装后，土建还需要修补面板周围的空洞，刷最后一次涂料，因此必须做好面板保护，防止污染。一般常用塑料薄膜保护面板。

6. 网络跳线制作步骤

（1）剥开一端网线外绝缘护套。

（2）拆开 4 对双绞线。

（3）拆开成单绞线。

（4）8 根线排好线序。先将已经剥去绝缘护套的 4 对单绞线分别拆开相同长度，将每根线轻轻捋直，同时按照 568B 线序（白橙、橙、白绿、蓝、白蓝、绿、白棕、棕）水平排好。

（5）剪齐线端，将 8 芯线端头一次剪掉，留 14mm 长度，从线头开始，至少 10mm 导线之间不应有交叉。

（6）插入 RJ-45 水晶头，将双绞线插入 RJ-45 水晶头内。注意一定要插到底。

（7）按照（1）～（6）步完成另一端水晶头的制作。最终完成网络跳线的制作。

四、实践操作

进行网络插座的设计和安装实训。

1. 实训目的

（1）通过设计工作区信息点位置和数量，训练和掌握对工作区子系统的设计方法。

（2）通过预算、领取材料和工具、现场管理，训练和掌握工程管理经验。

（3）通过信息点插座和模块安装，训练和掌握工作区子系统规范施工能力和方法。

2. 实训要求

（1）设计一种多人工作区域信息点的位置和数量，并且绘制施工图。

（2）按照设计图，核算实训材料规格和数量，掌握工程材料核算方法，列出材料清单。

（3）按照设计图，准备实训工具，列出实训工具清单，独立领取实训材料和工具。

（4）独立完成工作区信息点的安装。

3. 实训设备、材料和工具

网络综合布线实训装置 1 套，如图 4-18 所示。

86 系列明装塑料底盒、单口面板、双口面板、RJ-45 网络模块、RJ-11 电话模块若干。

网络双绞线 1 箱。

综合布线工程实训工具箱。

图 4-18　网络综合布线实训装置

4. 实训步骤

（1）设计工作区子系统。3～4 人组成一个项目组，每人设计一种工作区子系统，并且绘制施工图，集体讨论后，由项目负责人指定 1 种设计方案进行实训。

（2）列出材料清单和领取材料。按照设计图，完成材料清单并且领取材料。

（3）列出工具清单和领取工具。根据实训需要，完成工具清单并且领取工具。

（4）安装底盒。

首先，检查底盒的外观是否合格，特别检查底盒上的螺丝孔必须正常，如果其中有一个螺丝孔损坏时，坚决不能使用；然后，根据进出线方向和位置，取掉底盒预设孔中的挡板；最后，按设计图纸位置用 M6 螺丝把底盒固定在装置上，如图 4-19 所示。

图 4-19　安装底盒

（5）穿线。

底盒安装好后，将网络网络双绞线从底盒根据设计的布线路径布放到网络机柜内。

（6）端接模块和安装面板，如图 4-20 和图 4-21 所示。

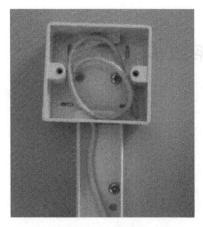
图 4-20　穿线

图 4-21　端接模块和安装面板

安装模块时,首先要剪掉多余线头,一般在安装模块前都要剪掉多余部分的长度,留出 100～120mm 长度用于压接模块或者检修;然后,使用专业剥线器剥掉双绞线的外皮,剥掉双绞线外皮的长度为 15mm。特别注意不要损伤线芯和线芯绝缘层,剥线完成后按照模块结构将 8 芯线分开,逐一压接在模块中。压接方法必须正确,一次压接成功;之后,装好防尘盖。模块压接完成后,将模块卡接在面板中,然后安装面板。

(7) 标记。

如果双口面板上有网络和电话插口标记时,按照标记口位置安装,如图 4-22 所示。如果双口面板上没有标记时,宜将网络模块安装在左边,电话模块安装在右边,并且在面板表面做好标记。

图 4-22　网络插座的安装

5. 实训报告要求

(1) 完成一个工作区子系统设计图。

(2) 以表格形式写清楚实训材料和工具的数量、规格、用途。

(3) 分步陈述实训程序或步骤以及安装注意事项。

(4) 实训体会和操作技巧。

【复习思考题】

1. 工作区子系统设计的原则有哪些?

2. 如何选择信息点插座面板?

3. 信息模块的安装有哪些步骤?需要使用到哪些工具?

模块 2 水平子系统安装技术

一、教学目标

【知识目标】

1. 了解水平子系统的基本概念。
2. 掌握水平子系统的设计原则。
3. 掌握水平子系统的安装技术。

【技能目标】

1. 能描述水平子系统的设计原则。
2. 能进行水平子系统的安装施工。

二、工作任务

1. 调研水平子系统包含的内容。
2. 学习水平子系统安装和施工技术。

三、相关知识点

（一）水平子系统的基本概念和工程应用

水平子系统指从工作区信息插座至楼层管理间（FD-TO）的部分，在 GB 50311—2007《综合布线系统工程设计规范》中称为配线子系统，以往资料中也称水平干线子系统。

水平子系统一般在同一个楼层上，是从工作区的信息插座开始到管理间子系统的配线架，由用户信息插座、水平电缆、配线设备等组成。由于水平子系统最为复杂、布线路由长、拐弯多、造价高、安装施工时电缆承受拉力大，因此水平布线子系统的设计和安装质量直接影响信息传输速率，也是网络应用系统最为重要的组成部分。如图 4-23 所示为水平子系统的实际应用案例图。

目前，网络应用系统全部采用星形拓扑结构，直接体现在水平子系统上，也就是从楼层管理间直接向各个信息点布线。一般安装 4 对双绞线网络电缆，如果有磁场干扰或信息保密需要时，须安装屏蔽双绞线网络电缆或者全部采用光缆系统。

在实际工程中，水平子系统的安装布线范围一般全部在建筑物内部，常用的有三种布线方式，即暗埋管道布线方式、桥架布线方式、地面敷设布线方式。

1. 暗埋管道布线方式

暗埋管道布线方式是将各种穿线管提前预埋设或者浇筑在建筑物的隔墙、立柱、楼板或地面中，然后穿线的布线方式。埋管时必须保证信息插座与管理间穿线管的连续性，根据布线要求、地板和隔墙厚度等空间条件设置，暗埋管布线一般采用薄壁钢管，设计简单明了，安装、维护都比较方便，工程造价也低。

比较大的楼层可分为若干区域，每个区域设置一个配线间或者配线箱，先由弱电井的楼层配线间，通过直埋钢管到各区域的配线间或者配线箱，然后通过暗埋管方式，将缆线引到

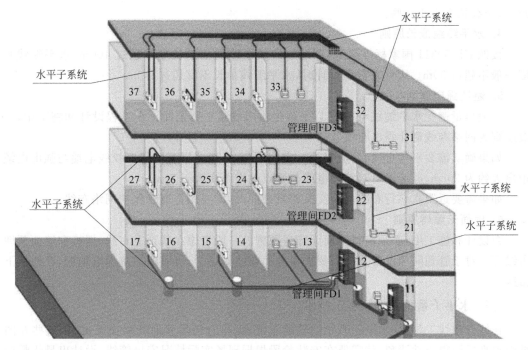

图 4-23　水平子系统实际应用案例图

工作区的信息点出口。

这种暗埋管道布线方式在新建建筑物中普遍应用,也有在旧楼改造时墙面开槽埋管应用。

2. 桥架布线方式

桥架布线方式是将支撑缆线的金属桥架安装在建筑物楼道或者吊顶等区域,在桥架中再集中安装各种缆线的布线方式。桥架布线方式具有集中布线和管理缆线的优点。

3. 地面敷设布线方式

地面敷设布线方式是先在地面铺设线槽,然后把缆线安装在线槽中的布线方式。一般应用在机房中,需要铺设抗静电地板。

(二)水平子系统的设计原则

在水平子系统的设计中,一般遵循下列原则。

1. 性价比最高原则

这是因为水平子系统范围广、布线长、材料用量大,对工程总造价和质量有比较大的影响。

2. 埋管原则

认真分析布线路由和距离,确定缆线的走向和位置。新建建筑物优先考虑在建筑物梁和立柱中预埋穿线管,旧楼改造或者装修时考虑在墙面刻槽埋管或者墙面明装线槽。因为在新建建筑物中预埋线管的成本比明装布管、槽的成本低,工期短,外观美观。

3. 水平缆线最短原则

为了保证水平缆线最短原则,一般把楼层管理间设置在信息点居中的房间,保证水平缆线最短。对于楼道长度超过 100m 的楼层,或者信息点比较密集时,可以在同一层设置多个管理间,这样既能节约成本,又能降低施工难度,因为布线距离短时,线管和电缆也短,拐弯减少,布线拉力也小一些。

4. 水平缆线最长原则

按照 GB 50311 国家标准规定,铜缆双绞线电缆的信道长度不超过 100m,水平缆线长度一般不超过 90m。因此在前期设计时,水平缆线最长不宜超过 90m。

5. 避让强电原则

一般尽量避免水平缆线与 36V 以上强电供电线路平行走线。在工程设计和施工中,一般原则为网络布线避让强电布线。

如果确实需要平行走线时,应保持一定的距离,一般非屏蔽网络双绞线电缆与强电电缆距离大约为 30cm,屏蔽网络双绞线电缆与强点电缆距离大于 7cm。

如果需要近距离平行布线甚至交叉跨越布线时,需要用金属管保护网络布线。

6. 地面无障碍原则

在设计和施工中,必须坚持地面无障碍原则。一般考虑在吊顶上布线,楼板和墙面预埋布线等。对于管理间和设备间等需要大量地面布线的场合,可以增加抗静电地板,在地板下布线。

(三)水平子系统的安装施工技术

在综合布线工程中,水平子系统的管路非常多,与电气等其他管路交叉也多,这些在图纸中很难标注得非常清楚,就需要在安装阶段根据现场实际情况安排管线,设计出最优敷设管路的施工方案,满足管线路由最短、便于安装的要求。在新建建筑物的水平安装施工中,一般涉及线管暗埋和桥架安装等,有时也会涉及少量线槽。下面主要介绍线管、桥架和线槽的安装施工技术。

1. 水平子系统线管安装施工技术

在建筑设计院提供的综合布线工程设计图中,只会规定基本的安装施工路由和要求,一般不会把每根管路的直径和准确位置标记出来,这就要求在现场实际安装时,要根据每个信息点具体位置和数量,确定线管直径和准确位置。在预埋线管和穿线时一般遵守下列原则。

(1)埋管最大直径原则

预埋在墙体中间暗管的最大管外径不宜超过 50mm,预埋在楼板中暗埋管的最大管外径不宜超过 25mm,室外管道进入建筑物的最大管外径不宜超过 100mm。

(2)穿线数量原则

不同规格的线管,根据拐弯的多少和穿线长度的不同,管内布放线缆的最大条数也不同。同一个直径的线管内如果穿线太多时,拉线困难,如果穿线太少时增加布线成本,这就需要根据现场实际情况确定穿线数量,一般按照线管规格型号与容纳的双绞线最多条数列表进行选择。

(3)保证管口光滑和安装护套原则

在钢管现场截断和安装施工中,两根钢管对接时必须保证同轴度和管口整齐,没有错位,焊接时不要焊透管壁,避免在管内形成焊渣。金属管内的毛刺、错口、焊渣、垃圾等必须清理干净,否则会影响穿线,甚至损伤缆线的护套或内部结构,如图 4-24 所示。

暗埋钢管一般都在现场用切割机裁断,如果裁断得太快时,在管口会出现大量毛刺,这些毛刺非常容易划破电缆外皮,因此必须对管口进行去毛刺工序,保持截断端面的光滑。

在与插座底盒连接的钢管出口,需要安装专用的护套,保护穿线时顺畅,不会划破缆线,

接头错位，出现毛刺   钢管焊透，出现毛刺   正确焊透，管内光滑

图 4-24   钢管接头示意图

如图 4-25 所示。这点非常重要,在施工中要特别注意。

（4）保证曲率半径原则

金属管一般使用专门的弯管器成型,拐弯半径比较大,能够满足双绞线对曲率半径的要求。墙内暗埋 $\phi16mm$、$\phi20mm$ PVC 塑料布线管时,要特别注意拐弯处的曲率半径。宜用弯管器现场制作大拐弯的弯头连接,这样既保证了缆线的曲率半径,又方便轻松拉线,也会降低布线成本,并保护线缆结构。

图 4-26 和图 4-27 为现场自制大拐弯和工业成品弯头曲率半径的比较,以此 $\phi20mm$ PVC 管内穿线为例进行计算和说明曲率半径的重要性。按照 GB 50311 国家标准的规定,非屏蔽双绞线的拐弯曲率半径不小于电缆外径的 4 倍。电缆外径按照 6mm 计算,拐弯半径必须大于 24mm。

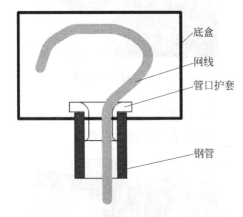

底盒
网线
管口护套
钢管

图 4-25   钢管端口安装保护套示意图

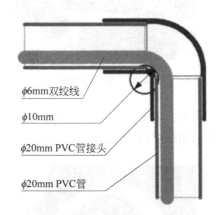

$\phi6mm$双绞线
$\phi10mm$
$\phi20mm$ PVC管接头
$\phi20mm$ PVC管

图 4-26   工业成品弯头曲率半径示意图

拐弯连接处不宜使用市场上购买的工业成品弯头,目前市场上没有适合网络综合布线使用的大拐弯 PVC 弯头,只有适合电气和水管使用的 90°弯头。

图 4-26 表示了市场购买的 $\phi20mm$ 穿线管弯头的曲率半径,拐弯半径只有 5mm,5mm(半径)÷6mm(电缆直径)＝0.8 倍,远远低于标准规定的 4 倍。

图 4-27 为自制大拐弯弯头,直径为 48mm,24mm(半径)÷6mm(电缆直径)＝4 倍。

现场自制大拐弯接头时,必须选用质量较好的冷弯管和配套的弯管器。如果使用的冷弯管与弯管器不配套时,管子容易变形。使用热弯管也无法冷弯成型。自制大拐弯的方法和步骤如下:

① 准备冷弯管,确定弯曲位置和半径,做出弯曲位置标记,如图 4-28 所示。

② 插入弯管器到需要弯曲的位置。如果弯曲较长时,给弯管器绑一根绳子,放到要弯曲的位置,如图 4-29 所示。

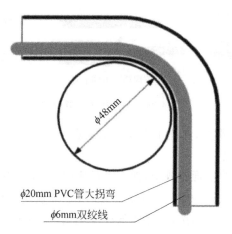

图 4-27　自制大拐弯曲率半径示意图

图 4-28　准备位置标记

图 4-29　插入弯管器

③ 弯管。两手抓紧放入弯管器的位置,用力弯曲,如图 4-30 所示。

④ 取出弯管器,安装弯头。如图 4-31 所示为已经安装到位的大拐弯。

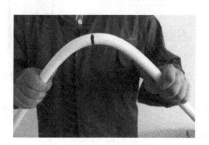

图 4-30　弯管

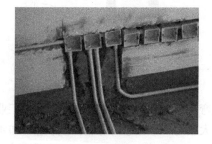

图 4-31　弯头安装

（5）横平竖直原则

土建预埋管一般都在隔墙和楼板中,为了垒砌隔墙方便,一般按照横平竖直的方式安装管线,不允许将线管斜放,如果在隔墙中倾斜放置线管,需要异型砖,影响施工进度。

（6）平行布管原则

平行布管就是同一走向的线管应遵循平行原则,不允许出现交叉或者重叠。因为智能建筑的工作区信息点非常密集,楼板和隔墙中有许多线管,必须合理布局这些线管,避免出现线管重叠。

（7）线管连续原则

线管连续原则是指从插座底盒至楼层管理间之间的整个布线路由的线管必须连续，如果出现一处不连续时，将来就无法穿线。特别是在用 PVC 管布线时，要保证管接头处的线管连续，管内光滑，方便穿线，如图 4-32 所示。如果留有较大的间隙时，管内有台阶，将来穿牵引钢丝和布线困难，如图 4-33 所示。

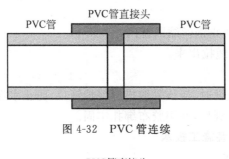

图 4-32　PVC 管连续

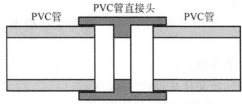

图 4-33　PVC 管有较大间隙

（8）拉力均匀原则

水平子系统路由的暗埋管比较长，大部分都在 20～50m，有时可能长达 80～90m，中间还有许多拐弯，布线时需要用较大的拉力才能把网线从插座底盒拉到管理间。

综合布线穿线时应该采取慢速而又平稳的拉线，拉力太大时，会破坏电缆对绞的结构和一致性，引起线缆传输性能下降。

拉力过大还会使线缆内的扭绞线对层数发生变化，严重影响线缆抗噪声（NEXT、FEXT 等）的能力，从而导致线对扭绞松开，甚至可能对导体造成破坏。

线缆最大允许的拉力如下：

一根 4 对线电缆，拉力为 100N。

二根 4 对线电缆，拉力为 150N。

三根 4 对线电缆，拉力为 200N。

n 根线电缆，拉力为 $n \times 5 + 50$N。不管多少根线对电缆，最大拉力不能超过 400N。

（9）预留长度合适原则

缆线布放时应该考虑两端的预留，方便理线和端接。在管理间电缆预留长度一般为 3～6m，工作区为 0.3～0.6m；光缆在设备端预留长度一般为 5～10m。有特殊要求的应按设计要求预留长度。

（10）规避强电原则

在水平子系统布线施工中，必须考虑与电力电缆之间的距离，不仅要考虑墙面明装的电力电缆，更要考虑在墙内暗埋的电力电缆。

（11）穿牵引钢丝原则

土建埋管后，必须穿牵引钢丝，方便后续穿线。穿牵引钢丝的步骤如下：

① 把钢丝一端用尖嘴钳弯曲成一个 $\phi 10\mathrm{mm}$ 左右的小圈，这样做是防止钢丝在 PVC 管内弯曲，或者在接头处被顶住。

② 把钢丝从插座底盒内的 PVC 管端往里面送，一直送到该钢丝从 PVC 管的另一端出来。

③ 把钢丝两端折弯，防止钢丝缩回管内。

④ 穿线时用钢缆把电缆拉出来。

（12）管口保护原则

钢管或者 PVC 管在敷设时，应该采取措施保护管口，防止水泥沙浆或者垃圾进入管口，堵塞管道，一般用塞头封住管口，并用胶布绑扎牢固。

2. 水平子系统桥架安装施工技术

（1）桥架吊装安装方式

在楼道有吊顶的情况下，水平子系统的桥架一般吊装在楼板上，如图 4-34 所示。具体安装步骤如下：

① 确定桥架安装高度和位置。

② 安装膨胀螺栓、吊杆、桥架挂片，调整好高度。

③ 安装桥架，并且用固定螺栓把桥架与挂片固定。

④ 安装电缆和盖板。

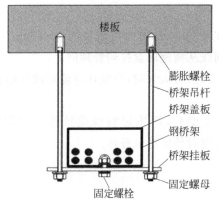

图 4-34　吊装桥架

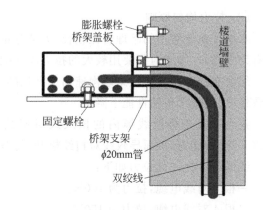

图 4-35　壁装桥架

（2）桥架壁装安装方式

在楼道没有吊顶的情况下，桥架一般采用壁装方式，如图 4-35 所示。具体安装步骤如下：

① 确定桥架安装高度和位置，并且标记安装高度。

② 安装膨胀螺栓、三角支架，调整好高度。

③ 安装桥架，并且用固定螺栓把桥架与三角支架固定牢固。

④ 安装电缆和盖板。

在楼道墙面安装金属桥架时，安装方法也是首先根据各个房间信息点出线管口在楼道高度,确定楼道桥架安装高度并且画线,其次先安装 L 形支架或者三角形支架,按照 2~3 个/米。支架安装完毕后,用螺栓将桥架固定在每个支架上,并且在桥架对应的管出口处开孔。

如果各个信息点管出口在楼道高度偏差太大时,也可以将桥架安装在管出口的下面,将双绞线通过弯头引入桥架,这样施工方便,外形美观。缆线引入桥架时,必须穿保护管,并且保持比较大的曲率半径。

(3) 楼道大型线槽安装方式

在一般小型工程中,有时采取暗管明槽布线方式,在楼道使用较大的 PVC 线槽代替金属桥架,不仅成本低,而且比较美观。一般安装步骤如下:

① 根据线管出口高度,确定线槽安装高度,并且画线。

② 固定线槽。

③ 布线。

④ 安装盖板。

水平子系统也可以在楼道墙面安装比较大的塑料线槽,例如宽度 60mm、100mm、150mm 白色 PVC 塑料线槽,具体线槽高度必须按照需要容纳双绞线的数量来确定,选择常用的标准线槽规格,不要选择非标准规格。安装方法是首先根据各个房间信息点出线管口在楼道高度,确定楼道大线槽安装高度并且画线,其次按照 2~3 处/米将线槽固定在墙面,楼道线槽的高度宜遮盖墙面管出口,并且在线槽遮盖的管出口处开孔,如图 4-36 所示。

如果各个信息点管出口在楼道高度偏差太大时,宜将线槽安装在管出口的下边,将双绞线通过弯头引入线槽,这样施工方便,外形美观。

将楼道全部线槽固定好以后,再将各个管口的出线逐一放入线槽,边放线边盖板,放线时注意拐弯处保持比较大的曲率半径,如图 4-37 所示。

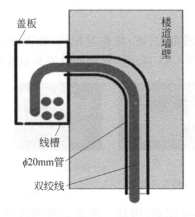

图 4-36 楼道线槽安装方式(1)

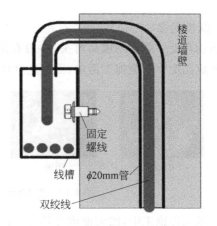

图 4-37 楼道线槽安装方式(2)

3. 水平子系统线槽安装施工技术

在旧楼改造中,水平子系统有时会用到明装线槽布线。线槽布线施工一般从安装信息点插座底盒开始,具体步骤如下:

① 安装插座底盒,给线槽起点定位。

② 钉线槽。

③ 布线和盖板。

(1) 线槽的曲率半径

线槽拐弯处也有曲率半径问题,线槽拐弯处曲率半径容易保证,图 4-38 为宽度 20mm PVC 线槽 90°拐弯形成的最大曲率半径。直径 6mm 的双绞线电缆在线槽中最大弯曲情况和布线最大曲率半径值为 45mm(直径 90mm),布线弯曲半径与双绞线外径的最大倍数为:45÷6=7.5 倍。这就要求在安装保持双绞线电缆时靠线槽外沿,保持最大的曲率半径。特别强调,在线槽中安装双绞线电缆时必须在水平部分预留一定的余量,而且不能再拉电缆。如果没有余量,并且拉伸电缆后,就会改变拐弯处的曲率半径,如图 4-39 所示。

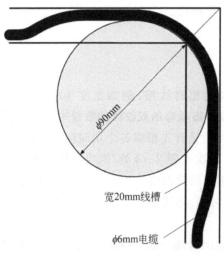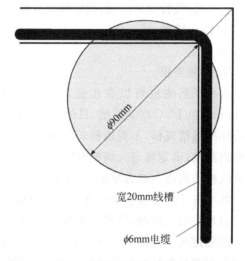

图 4-38　宽 20mm 线槽拐弯处最大弯曲半径　　图 4-39　宽 20mm 线槽拐弯处最小弯曲半径

(2) 线槽拐弯

线槽拐弯处一般使用成品弯头,一般有阳角、阴角、三通、堵头等配件,如图 4-40 所示。使用这些成品配件安装施工简单,而且速度快,如图 4-41 所示为使用配件安装示意图。

阳角　　　　　　　阴角　　　　　　　三通　　　　　　　堵头

图 4-40　宽 40mm PVC 线槽常用配件

在实际工程施工中,因为准确计算这些配件非常困难,因此一般都是现场自制弯头,不仅能够降低材料费,而且美观。现场自制弯头时,要求接缝间隙小于 1mm,要美观。如图 4-42 所示为水平弯头制作示意图,如图 4-43 所示为阴角弯头制作示意图。

安装线槽时,首先在墙面测量并且标出线槽的位置,在建工程以 1m 线为基准,保证水平安装的线槽与地面或楼板平行,垂直安装的线槽与地面或楼板垂直,没有可见的偏差。

拐弯处宜使用 90°弯头或者三通,线槽端头安装专门的堵头。

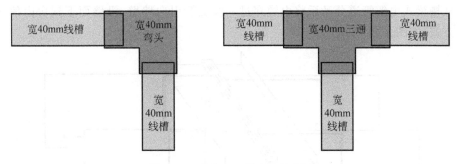

图 4-41　弯头和三通安装示意图

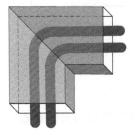

图 4-42　水平弯头制作示意图　　　　图 4-43　阴角弯头制作示意图

　　线槽布线时,先将缆线布放到线槽中,边布线边装盖板,在拐弯处保持缆线有比较大的拐弯半径。完成安装盖板后,不要再拉线,如果拉线力量过大会改变线槽拐弯处的缆线曲率半径。

　　安装线槽时,用水泥钉或者自攻丝把线槽固定在墙面上,固定距离为 300mm 左右,必须保证长期牢固。两根线槽之间的接缝必须小于 1mm,盖板接缝宜与线槽接缝错开。

　　(3) 墙面明装线槽施工图

　　水平子系统明装线槽安装时要保持线槽的水平,必须确定统一的高度,如图 4-44 所示。

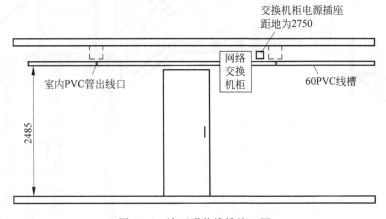

图 4-44　墙面明装线槽施工图

　　(4) 吊顶上架空线槽布线施工图

　　吊顶上架空线槽布线由楼层管理间引出来的线缆先走吊顶内的线槽,到各房间后,经分

135

支线槽从槽梁式电缆管道分叉后将电缆穿过一段支管引向墙壁,沿墙而下到房内信息插座的布线方式,如图 4-45 所示。

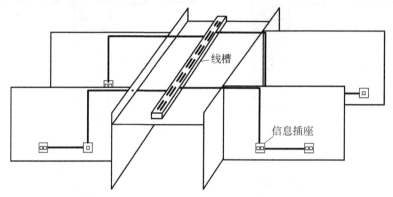

图 4-45　吊顶内线槽布线施工图

四、实践操作

按照图 4-46 所示位置和要求,完成水平子系统线管、线槽的安装和布线。

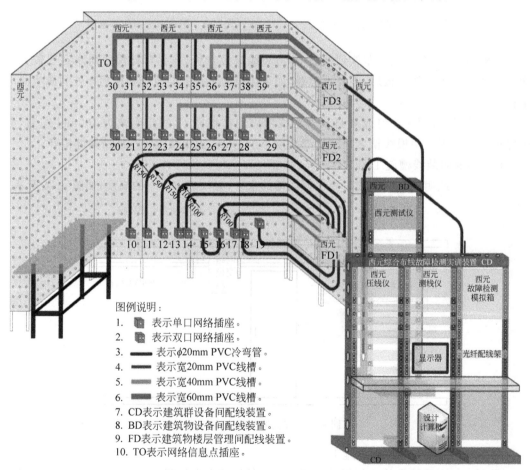

图例说明:
1. 表示单口网络插座。
2. 表示双口网络插座。
3. 表示φ20mm PVC冷弯管。
4. 表示宽20mm PVC线槽。
5. 表示宽40mm PVC线槽。
6. 表示宽60mm PVC线槽。
7. CD表示建筑群设备间配线装置。
8. BD表示建筑物设备间配线装置。
9. FD表示建筑物楼层管理间配线装置。
10. TO表示网络信息点插座。

图 4-46　综合布线系统示意图

按照图 4-46 所示位置和要求,完成 FD1 水平子系统线管安装和布线。

1. 实训工具

综合布线工程实训工具箱。

2. 实训设备

网络综合布线实训装置。

1) PVC 线管安装实训

(1) 实训材料

ϕ20mm PVC 线管　　　　　1.75m/根×20 根。

ϕ20mm PVC 管直接头　　40 个。

ϕ20mm PVC 管卡　　　　80 个。

M6×16 螺丝　　　　　　80 个。

(2) 实训过程

① 分组,2～3 人组成一组进行分工操作。

② 准备材料和工具,按照如图 4-46 所示要求列出材料和工具清单,准备实训材料和工具。

③ 安装管卡,按照图示布线路由,在需要安装管卡的位置固定管卡。

④ 安装线管,两根 PVC 管连接处使用管接头,拐弯处必须使用弯管器制作大拐弯的弯头连接。

⑤ 布线,一般明装布线实训时,边布管边穿线;暗装布线时,先把全部管和接头安装到位,并且固定好,然后从一端向另外一端穿线。

【注意】　在布线前必须做好线标。

2) PVC 线槽安装实训

按照图 4-46 所示位置和要求,完成 FD2 水平子系统线槽安装和布线。

(1) 实训材料

39mm×18mm PVC 线槽　1.75m/根×7 根。

20mm×10mm PVC 线槽　1.75m/根×3 根。

M6×16 螺丝　　　　　　80 个。

(2) 实训过程

① 分组,2～3 人组成一组进行分工操作。

② 准备材料和工具,按照图 4-46 所示要求列出材料和工具清单,准备实训材料和工具。

③ 根据实训要求和路由,先量好线槽的长度,再使用电动起子在线槽上开 8mm 孔,孔位置必须与实训装置安装孔对应,每段线槽至少开两个安装孔。

④ 用 M6×16 螺钉把线槽固定在实训装置上。

⑤ 在线槽布线,边布线边装盖板,必须做好线标。

3) PVC 线管/线槽安装实训

按照图 4-46 所示位置和要求,完成 FD3 配线子系统线管/线槽安装和布线。

（1）实训材料

39mm×18mm PVC 线槽　1.75m/根×7 根。

20mm×10mm PVC 线槽　1.75m/根×3 根。

ϕ20mm PVC 线管　　　1.75m/根×2 根。

ϕ20mm PVC 管卡　　　10 个。

M6×16 螺丝　　　　　80 个。

（2）实训过程

① 分组，2～3 人组成一组进行分工操作。

② 准备材料和工具，按照图 4-46 所示要求列出材料和工具清单，准备实训材料和工具。

③ 根据实训要求和路由，先量好线槽的长度，再使用电动起子在线槽上开 8mm 孔，孔位置必须与实训装置安装孔对应，每段线槽至少开两个安装孔。

④ 用 M6×16 螺钉把线槽固定在实训装置上。

⑤ 在需要安装管卡的路由上安装管卡。

⑥ 安装 PVC 线管。

⑦ 布线，边布线边装盖板，必须做好线标。

【复习思考题】

1. 什么是水平子系统？与工作区子系统是什么关系？

2. 水平子系统在设计中应遵循什么原则？

3. 水平布线有哪些方式？各有哪些布线规则？

模块 3　管理间子系统安装技术

一、教学目标

【知识目标】

1. 了解管理间子系统的基本概念。

2. 掌握管理间子系统的设计原则。

3. 了解管理间子系统的连接器件。

4. 掌握管理间子系统的安装技术。

【技能目标】

1. 能描述管理间子系统的设计原则。

2. 能描述管理间子系统的连接器件。

3. 能进行管理间子系统的安装施工。

二、工作任务

1. 调研管理间子系统包含的内容。

2. 学习管理间子系统安装和施工技术。

三、相关知识点

（一）管理间子系统基本概念和工程应用

管理间子系统也称为电信间或者配线间，是专门安装楼层机柜、配线架、交换机和配线设备的楼层管理间，如图 4-47 所示。一般设置在每个楼层的中间位置，主要安装建筑物楼层配线设备，管理间子系统也是连接垂直子系统和水平干线子系统的设备。当楼层信息点很多时，可以设置多个管理间。

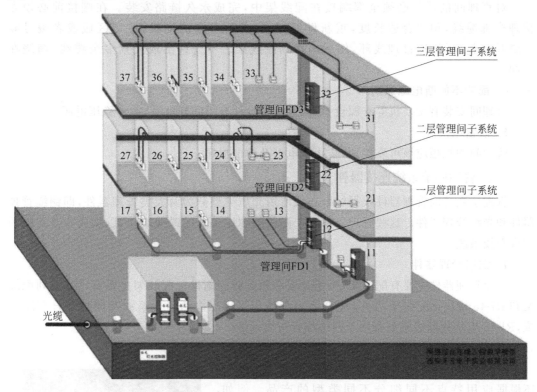

图 4-47　管理间子系统示意图

在综合布线系统中，管理间子系统包括了楼层配线间、二级交接间的缆线、配线架及相关接插跳线等。通过综合布线系统的管理间子系统，可以直接管理整个应用系统终端设备，从而实现综合布线的灵活性、开放性和扩展性。

（二）管理间子系统的设计原则

在管理间子系统的设计中，一般要遵循以下原则。

1. 配线架数量确定原则

配线架端口数量应该大于信息点数量，保证全部信息点过来的缆线全部端接在配线架中。在工程中，一般使用 24 口或者 48 口配线架。例如，某楼层共有 64 个信息点，至少应该选配 3 个 24 口配线架，配线架端口的总数量为 72 口，就能满足 64 个信息点缆线的端接需要，这样做比较经济。

有时为了在楼层进行分区管理，也可以选配较多的配线架。例如，上述的 64 个信息点如果分为 4 个区域时,平均每个区域有 16 个信息点时,也需要选配 4 个 24 口配线架,这样每个配线架端接 16 口,预留 8 口。虽然增加了 1 个配线架和成本,但是能够进行分区管理和维护方便。

2. 标识管理原则

由于管理间缆线和跳线很多,必须对每根缆线进行编号和标识,在工程项目实施中还需要将编号和标识规定张贴在该管理间内,方便施工和维护。

3. 理线原则

对管理间的缆线必须全部端接在配线架中,完成永久链路安装。在端接前必须先整理全部缆线,预留合适长度,重新做好标记,剪掉多余的缆线,按照区域或者编号顺序绑扎和整理好,通过理线环,然后端接到配线架。不允许出现大量多余缆线,缠绕在一起。

4. 配置不间断电源原则

管理间安装有交换机等有源设备,因此应该设计有不间断电源,或者稳压电源。

5. 防雷电措施

管理间的机柜应该可靠接地,防止雷电以及静电损坏。

(三)管理间子系统连接器件

管理子系统的管理器件根据综合布线所用介质类型分为两大类管理器件,即铜缆管理器件和光纤管理器件。这些管理器件用于配线间和设备间的缆线端接,以构成一个完整的综合布线系统。

1. 铜缆管理器件

铜缆管理器件主要有配线架、机柜及线缆相关管理附件。配线架主要有 110 系列配线架和 RJ-45 模块化配线架两类。110 系列配线架可用于电话语音系统和网络综合布线系统,RJ-45 模块化配线架主要用于网络综合布线系统。

(1)110 系列配线架

110 系列配线架产品各个厂家基本相似,有些厂家还根据应用特点不同细分不同类型的产品。例如,AVAYA 公司的 SYSTIMAX 综合布线产品将 110 系列配线架分为两大类,即 110A 和 110P。110A 配线架采用夹跳接线连接方式,可以垂直叠放便于扩展,比较适合于线路调整较少、线路管理规模较大的综合布线场合,如图 4-48 所示。110P 配线架采用接插软线连接方式,管理比较简单但不能垂直叠放,较适合于线路管理规模较小的场合,如图 4-49 所示。

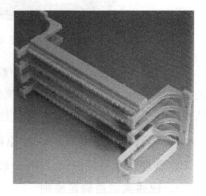

图 4-48　AVAYA 110A 配线架

110A 配线架有 100 对和 300 对两种规格,可以根据系统安装要求使用这两种规格的配线架进行现场组合。110A 配线架由以下配件组成。

① 100 对或 300 对线的接线块。

② 3 对、4 对或 5 对线的 110C 连接块,如图 4-50 所示。

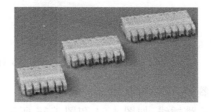

图 4-49　AVAYA 110P 配线架　　　　图 4-50　110C 3 对、4 对、5 对连接块

③ 底板。

④ 理线环。

⑤ 标签条。

110P 配线架有 300 对和 900 对两种规格。110P 配线架由以下配件组成。

① 安装于面板上的 100 对线的 110D 型接线块。

② 3 对、4 对或 5 对线的连接块。

③ 188C2 和 188D2 垂直底板。

④ 188E2 水平跨接线过线槽。

⑤ 管道组件。

⑥ 接插软线。

⑦ 标签条。

（2）RJ-45 模块化配线架

RJ-45 模块化配线架主要用于网络综合布线系统，它根据传输性能的要求分为 5 类、超 5 类、6 类模块化配线架。配线架前端面板为 RJ-45 接口，可通过 RJ-45 到 RJ-45 软跳线连接到计算机或交换机等网络设备。配线架后端为 BIX 或 110 连接器，可以端接水平子系统线缆或干线线缆。配线架一般宽度为 19 英寸，高度为 1～4U，主要安装于 19 英寸机柜。模块化配线架的规格一般由配线架根据传输性能、前端面板接口数量以及配线架高度决定。

配线架前端面板可以安装相应标签以区分各个端口的用途，方便以后的线路管理，配线架后端的 BIX 或 110 连接器都有清晰的色标，方便线对按色标顺序端接。

（3）BIX 交叉连接系统

BIX 交叉连接系统是 IBDN 智能化大厦解决方案中常用的管理器件，可以用于计算机网络、电话语音、安保等弱电布线系统。BIX 交叉连接系统主要由以下配件组成。

① 50 对、250 对、300 对线的 BIX 安装架，如图 4-51 所示。

② 25 对 BIX 连接器，如图 4-52 所示。

③ 布线管理环，如图 4-53 所示。

图 4-51　50 对、250 对、300 对 BIX 安装架

图 4-52　25 对 BIX 连接器

④ 标签条、电缆绑扎带。

⑤ BIX 跳插线,如图 4-54 和图 4-55 所示。

图 4-53　布线管理环　　　图 4-54　BIX 跳插线 BIX-RJ-45 端口　　　图 4-55　BIX 交叉连接系统

　　BIX 安装架可以水平或垂直叠加,可以很容易地根据布线现场要求进行扩展,适合于各种规模的综合布线系统。BIX 交叉连接系统既可以安装在墙面上,也可使用专用套件固定在 19 英寸的机柜上。如图 4-56 所示为一个安装完整的 BIX 交叉连接系统。

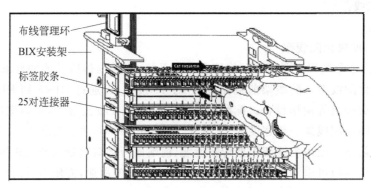

图 4-56　BIX 交叉连接系统

2. 光纤管理器件

　　光纤管理器件根据光缆布线场合要求分为两类,即光纤配线架和光纤接线箱。光纤配线架适合于规模较小的光纤互连场合,如图 4-57 所示。而光纤接线箱适合于光纤互连较密集的场合,如图 4-58 所示。

图 4-57　机架式光纤配线架

图 4-58　光纤接线箱

　　光纤配线架又分为机架式光纤配线架和墙装式光纤配线架两种,机架式光纤配线架宽度为 19 英寸,可直接安装于标准的机柜内,墙装式光纤配线架体积较小,适合于安装在楼道内。

　　如图 4-57 所示,打开光纤配线架可以看到一排插孔,用于安装光纤耦合器。光纤配线架的主要参数是可安装光纤耦合器的数量以及高度,例如,IBDN 的 12 口/1U 机架式光纤配线架可以安装 12 个光纤耦合器。

　　光纤耦合器的作用是将两个光纤接头对准并固定,以实现两个光纤接头端面的连接。光纤耦合器的规格与所连接的光纤接头有关。常见的光纤接头有两类:ST 型和 SC 型,如图 4-59 和图 4-60 所示。光纤耦合器也分为 ST 型和 SC 型,除此之外,还有 FC 型,如图 4-61～图 4-63 所示。

图 4-59　ST 型接头　　　　　　　　　　图 4-60　SC 型接头

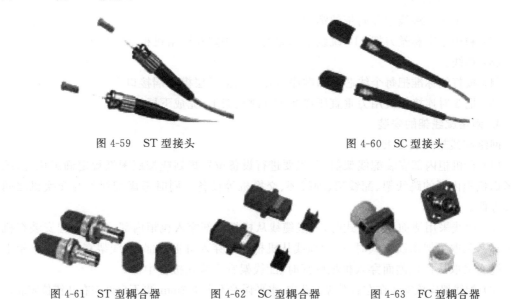
图 4-61　ST 型耦合器　　图 4-62　SC 型耦合器　　图 4-63　FC 型耦合器

　　光纤耦合器两端可以连接光纤接头,两个光纤接头可以在耦合器内准确端接起来,从而实现两个光纤系统的连接。一般多芯光缆剥除后固定在光纤配线架内,通过熔接或磨接技术使各纤芯连接于多个光纤接头,这些光纤接头端接于耦合器一端(内侧),使用光纤跳线端

143

接于耦合器另一端(外侧),然后光纤跳线可以连接光纤设备或另一个光纤配线架。

(四)管理间子系统的安装技术

1. 机柜安装要求

《综合布线系统工程设计规范》(GB 50311—2007)国家标准第 6 章的安装工艺要求内容中,对机柜的安装有如下要求。

一般情况下,综合布线系统的配线设备和计算机网络设备采用 19 寸标准机柜安装。机柜尺寸通常为 600mm(宽)×900mm(深)×2000mm(高),共有 42U 的安装空间。机柜内可安装光纤连接盘、RJ-45(24 口)配线模块、多线对卡接模块(100 对)、理线架、计算机 HUB/SW 设备等。如果按建筑物每层电话和数据信息点各为 200 个考虑配置上述设备,大约需要有 2 个 19 寸(42U)的机柜空间,以此测算电信间面积至少应为 5m²(2.5m×2.0m)。对于涉及布线系统设置内、外网或专用网时,19 寸机柜应分别设置,并在保持一定间距的情况下预测电信间的面积。

对于管理间子系统来说,多数情况下采用 6~12U 壁挂式机柜,一般安装在每个楼层的竖井内或者楼道中间位置。具体安装方法采取三角支架或者膨胀螺栓固定机柜。

2. 电源安装要求

管理间的电源一般安装在网络机柜的旁边,安装 220V(三孔)电源插座。如果是新建建筑,一般要求在土建施工过程时按照弱电施工图上标注的位置安装到位。

3. 通信跳线架的安装

通信跳线架主要是用于语音配线系统。一般采用 110 跳线架,主要是上级程控交换机过来的接线与到桌面终端的语音信息点连接线之间的连接和跳接部分,便于管理、维护、测试。

其安装步骤如下:

(1) 取出 110 跳线架和附带的螺丝。

(2) 利用十字螺丝刀把 110 跳线架用螺丝直接固定在网络机柜的立柱上。

(3) 理线。

(4) 按打线标准把每个线芯按照顺序压在跳线架下层模块端接口中。

(5) 把 5 对连接模块用力垂直压接在 110 跳线架上,完成下层端接。

4. 网络配线架的安装

网络配线架安装要求:

(1) 在机柜内部安装配线架前,首先要进行设备位置规划或按照图纸规定确定位置,统一考虑机柜内部的跳线架、配线架、理线环、交换机等设备。同时考虑配线架与交换机之间跳线方便。

(2) 缆线采用地面出线方式时,一般缆线从机柜底部穿入机柜内部,配线架宜安装在机柜下部。采取桥架出线方式时,一般缆线从机柜顶部穿入机柜内部,配线架宜安装在机柜上部。缆线采取从机柜侧面穿入机柜内部时,配线架宜安装在机柜中部。

(3) 配线架应该安装在左右对应的孔中,水平误差不大于 2mm,更不允许左右孔错位安装。

网络配线架的安装步骤如下:

(1) 检查配线架和配件完整。

(2) 将配线架安装在机柜设计位置的立柱上。

(3) 理线。

（4）端接打线。

（5）做好标记,安装标签条。

5. 交换机的安装

交换机安装前首先检查产品外包装完整和开箱检查产品,收集和保存配套资料。一般包括交换机,2个支架,4个橡皮脚垫和4个螺钉,1根电源线,1个管理电缆。然后准备安装交换机,一般步骤如下:

（1）从包装箱内取出交换机设备。

（2）给交换机安装两个支架,安装时要注意支架方向。

（3）将交换机放到机柜中提前设计好的位置,用螺钉固定到机柜立柱上,一般交换机上下要留一些空间用于空气流通和设备散热。

（4）将交换机外壳接地,将电源线拿出来插在交换机后面的电源接口。

（5）完成上面几步操作后就可以打开交换机电源了,开启状态下查看交换机是否出现抖动现象,如果出现请检查脚垫高低或机柜上的固定螺丝松紧情况。

【注意】　拧取这些螺钉的时候不要过于紧,否则会让交换机倾斜;也不能过于松垮,这样交换机在运行时不会稳定,工作状态下设备会抖动。

6. 理线环的安装

理线环的安装步骤如下:

（1）取出理线环和所带的配件——螺丝包。

（2）将理线环安装在网络机柜的立柱上。

【注意】　在机柜内设备之间的安装距离至少留1U的空间,便于设备的散热。

四、实践操作

（一）壁挂式机柜的安装实训

一般中小型网络综合布线系统工程中,管理间子系统大多设置在楼道或者楼层竖井内,高度在1.8m以上。由于空间有限,经常选用壁挂式网络机柜,常用的有6U、9U、12U等,如图4-64所示。

图 4-64　壁挂网络机柜

1. 实训目的

(1) 通过常用壁挂式机柜的安装,了解机柜的布置原则和安装方法及使用要求。

(2) 通过壁挂式机柜的安装,熟悉常用壁挂式机柜的规格和性能。

2. 实训要求

(1) 准备实训工具,列出实训工具清单。

(2) 独立领取实训材料和工具。

(3) 完成壁挂式机柜的定位。

(4) 完成壁挂式机柜墙面固定安装。

3. 实训设备、材料和工具

(1) 网络综合布线工程实训装置 1 套。

(2) 实训专用 M6×16 十字头螺钉,用于固定壁挂式机柜,每个机柜使用 4 个。

(3) 综合布线工程实训工具箱 1 套。

4. 实训步骤

(1) 设计一种设备安装图,确定壁挂式机柜安装位置。

2~3 人组成一个项目组,选举项目负责人,每组设计一种设备安装图,并且绘制图纸。项目负责人指定 1 种设计方案进行实训,如图 4-65 所示。

(2) 准备实训工具,列出实训工具清单。

(3) 领取实训材料和工具。

(4) 准备好需要安装的设备——壁挂式网络机柜,将网络机柜的门先取掉,方便机柜的安装。

(5) 使用实训专用螺丝,在设计好的位置安装壁挂式网络机柜,螺丝固定牢固。

(6) 安装完毕后,将门再重新安装到位,如图 4-66 所示。

(7) 最后将机柜进行编号。

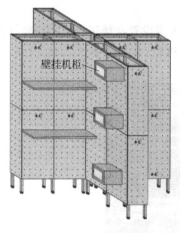

图 4-65　设备安装图

图 4-66　安装完毕的机柜

5. 实训报告要求

(1) 画出壁挂式机柜安装位置布局示意图。

(2) 写出常用壁挂式机柜的规格。

(3) 分步陈述实训程序或步骤以及安装注意事项。

(4) 实训体会和操作技巧。

（二）铜缆配线设备安装实训

在管理间子系统壁挂网络机柜内主要安装铜缆配线设备,一般有:网络交换机、网络配线架、110 跳线架、理线环等,这里主要做铜缆配线设备的安装实训。

1. 实训目的

(1) 通过网络配线设备的安装和压接线实验,了解网络机柜内布线设备的安装方法和使用功能。

(2) 通过配线设备的安装,熟悉常用工具和配套基本材料的使用方法。

2. 实训要求

(1) 准备实训工具,列出实训工具清单。

(2) 独立领取实训材料和工具。

(3) 完成网络配线架的安装和压接线实验。

(4) 完成理线环的安装和理线实验。

3. 实训设备、材料和工具

(1) 网络综合布线工程实训装置 1 套。

(2) 配线架,每个壁挂机柜内 1 个。

(3) 理线环,每个配线架 1 个。

(4) 4-UPT 网络双绞线,模块压接线实训用。

(5) 综合布线工程实训工具箱 1 套。

4. 实训步骤

(1) 设计一种机柜内安装设备布局示意图,并且绘制安装图,如图 4-67 所示。

图 4-67 机柜内设备安装位置图

3~4 人组成一个项目组,选举项目负责人,每组设计一种设备安装图,并且绘制图纸。项目负责人指定 1 种设计方案进行实训。

(2) 按照设计图,核算实训材料规格和数量,掌握工程材料核算方法,列出材料清单。

(3) 按照设计图,准备实训工具,列出实训工具清单。

(4) 领取实训材料和工具。

(5) 确定机柜内需要安装设备和数量,合理安排配线架、理线环的位置。重点要考虑级连线路合理,施工和维修方便。

(6) 准备好需要安装的设备,打开设备自带的螺丝包,在设计好的位置安装配线架、理线环等设备,注意保持设备平齐,螺丝固定牢固,并且做好设备编号和标记。

(7) 安装完毕后,开始理线和压接线缆,如图 4-68 所示。

图 4-68　安装图

【注意】　在机柜内设备之间的安装距离至少留 1U 的空间,便于设备的散热。

5. 实训报告要求

(1) 画出机柜内安装设备布局示意图。

(2) 写出常用理线环和配线架的规格。

(3) 分步陈述实训程序或步骤以及安装注意事项。

【复习思考题】

1. 简述管理间子系统的设计步骤。

2. 说明通信跳线架和网络配线架的安装步骤。

模块 4　垂直子系统安装技术

一、教学目标

【知识目标】

1. 了解垂直子系统的基本概念。

2. 掌握垂直子系统的设计原则。

3. 掌握垂直子系统的安装技术。

【技能目标】

1. 能描述垂直子系统的设计原则。

2. 能进行垂直子系统的安装施工。

二、工作任务

1. 调研垂直子系统包含的内容。

2. 学习垂直子系统安装和施工技术。

三、相关知识点

(一) 垂直子系统的基本概念和工程应用

在 GB 50311 国家标准中把垂直子系统称为干线子系统,为了便于理解和工程行业习惯叫法,我们仍然称为垂直子系统,它是综合布线系统中非常关键的组成部分,它由设备间子系统与管理间子系统的引入口之间的布线组成,两端分别连接在设备间和楼层管理间的配线架上。它是建筑物内综合布线的主干缆线,垂直子系统一般使用光缆传输。如图 4-69 所示为垂直子系统示意图。

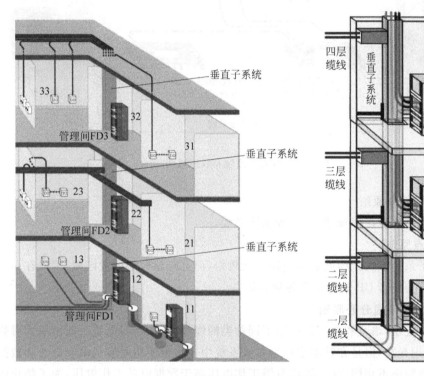

图 4-69　垂直子系统示意图

垂直子系统的布线也是一个星形结构,从建筑物设备间向各个楼层的管理间布线,实现大楼信息流的纵向连接,如图 4-70 所示为垂直子系统布线原理图。在实际工程中,大多数建筑物都是垂直向高空发展的,因此很多情况下会采用垂直型的布线方式。但是也有很多建筑物是横向发展,如飞机场候机厅、工厂仓库等建筑,这时也会采用水平型的主干布线方式。因此主干线缆的布线路由既可能是垂直型的,也可能是水平型的,或是两者的综合。

(二) 垂直子系统的设计原则

在垂直子系统中,一般要遵循以下原则。

1. 星形拓扑结构原则

垂直子系统必须为星形网络拓扑结构。

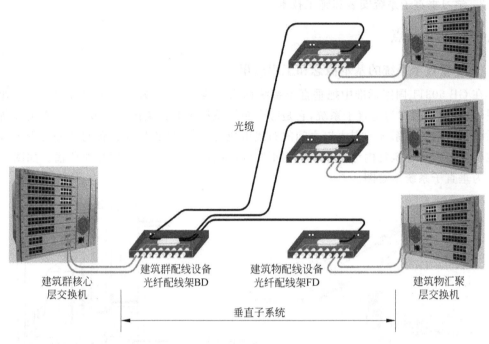

光缆

建筑群核心
层交换机　　建筑群配线设备
光纤配线架BD　　建筑物配线设备
光纤配线架FD　　建筑物汇聚
层交换机

垂直子系统

图 4-70　垂直子系统布线原理图

2. 保证传输速率原则

垂直子系统首先考虑传输速率,一般选用光缆。

3. 无转接点原则

由于垂直子系统中的光缆或者电缆路由比较短,而且跨越楼层或者区域,因此在布线路由中不允许有接头或者 CP 集合点等各种转接点。

4. 语音和数据电缆分开原则

在垂直子系统中,语音和数据往往用不同种类的缆线传输,语音电缆一般使用大对数电缆,数据一般使用光缆,但是在基本型综合布线系统中也常常使用电缆。由于语音和数据传输时工作电压和频率不相同,往往语音电缆工作电压高于数据电缆工作电压,为了防止语音传输对数据传输的干扰,必须遵守语音电缆和数据电缆分开的原则。

5. 大弧度拐弯原则

垂直子系统主要使用光缆传输数据,同时对数据传输速率要求高,涉及终端用户多,一般会涉及一个楼层的很多用户,因此在设计时,垂直子系统的缆线应该垂直安装。如果在路由中间或者出口处需要拐弯时不能直角拐弯布线,必须设计大弧度拐弯,保证缆线的曲率半径和布线方便。

6. 满足整栋大楼需求原则

由于垂直子系统连接大楼的全部楼层或者区域,不仅要能满足信息点数量少、速率要求低的楼层用户的需要,更要保证信息点数量多、传输速率高的楼层的用户要求。因此在垂直子系统的设计中一般选用光缆,并且需要预留备用缆线,在施工中要规范施工和保证工程质量,最终保证垂直子系统能够满足整栋大楼各个楼层用户的需求和扩展需要。

7. 布线系统安全原则

由于垂直子系统涉及每个楼层,并且连接建筑物的设备间和楼层管理间交换机等重要设备,布线路由一般使用金属桥架,因此在设计和施工中要加强接地措施,预防雷电击穿破坏,还要防止缆线遭破坏等措施,并且注意与强电保持较远的距离,防止电磁干扰等。

(三)垂直子系统安装技术

垂直子系统布线路由的走向必须选择缆线最短、最安全和最经济的路由,同时考虑未来扩展需要。垂直子系统在系统设计和施工时,一般应该预留一定的缆线做冗余信道,这一点对于综合布线系统的可扩展性和可靠性来说是十分重要的。

1. 标准规定

《综合布线系统工程设计规范》(GB 50311—2007)国家标准第 6 章中安装工艺要求的内容中,对垂直子系统的安装工艺提出了具体要求。垂直子系统垂直通道穿过楼板时宜采用电缆竖井方式。也可采用电缆孔、管槽的方式,电缆竖井的位置应上、下对齐。

2. 垂直子系统线缆选择

根据建筑物的结构特点以及应用系统的类型,决定选用干线线缆的类型。在垂直子系统设计中常用多模光缆和单模光缆,4 对双绞线电缆,大对数对绞电缆等,在住宅楼也会用到 75Ω 有线电视同轴电缆。

目前,针对电话语音传输一般采用 3 类大对数对绞电缆(25 对、50 对、100 对等规格),针对数据和图像传输采用光缆或 5 类以上 4 对双绞线电缆以及 5 类大对数对绞电缆,针对有线电视信号的传输采用 75Ω 同轴电缆。要注意的是,由于大对数线缆对数多,很容易造成相互间的干扰,因此很难制造超 5 类以上的大对数对绞电缆,为此 6 类网络布线系统通常使用 6 类 4 对双绞线电缆或光缆作为主干线缆。在选择主干线缆时,还要考虑主干线缆的长度限制,如 5 类以上 4 对双绞线电缆在应用于 100Mbps 的高速网络系统时,电缆长度不宜超过 90m,否则宜选用单模或多模光缆。

3. 垂直子系统布线通道的选择

垂直线缆的布线路由的选择主要依据建筑的结构以及建筑物内预埋的管道而定。目前垂直型的干线布线路由主要采用电缆孔和电缆井两种方法。对于单层平面建筑物水平型的干线布线路由主要用金属管道和电缆托架两种方法。

干线子系统垂直通道有下列三种方式可供选择。

(1)电缆孔方式

通道中所用的电缆孔是很短的管道,通常用一根或数根外径 63~102mm 的金属管预埋在楼板内,金属管高出地面 25~50mm,也可直接在地板中预留一个大小适当的孔洞。电缆往往捆在钢绳上,而钢绳固定在墙上已铆好的金属条上。当楼层配线间上下都对齐时,一般可采用电缆孔方法,如图 4-71 所示。

(2)管道方式

管道方式包括明管或暗管敷设。

(3)电缆竖井方式

在新建工程中,推荐使用电缆竖井的方式。电缆井是指在每层楼板上开出一些方孔,一般宽度为 30cm,并有 2.5cm 高的井栏,具体大小要根据所布线的干线电缆数量而定,如图 4-72 所示。与电缆孔方法一样,电缆也是捆扎或箍在支撑用的钢绳上,钢绳靠墙上的金属条或地板三脚架固定。离电缆井很近的墙上的立式金属架可以支撑很多电缆。电缆井比电缆孔更为灵活,可以让各种粗细不一的电缆以任何方式布设通过。但在建筑物内开电缆井造价较高,而且不使用的电缆井很难防火。

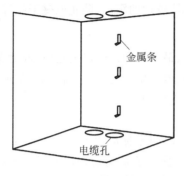 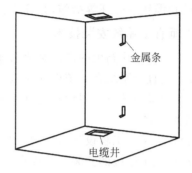

图 4-71　电缆孔方法　　　　　　图 4-72　电缆竖井方式

4. 垂直子系统线缆容量的计算

在确定干线线缆类型后,便可以进一步确定每个楼层的干线容量。一般而言,在确定每层楼的干线类型和数量时,都要根据楼层水平子系统所有的各个语音、数据、图像等信息插座的数量来进行计算的。具体计算的原则如下:

(1) 语音干线可按一个电话信息插座至少配 1 个线对的原则进行计算。

(2) 计算机网络干线线对容量计算原则是:电缆干线按 24 个信息插座配 2 对对绞线,每一个交换机或交换机群配 4 对对绞线;光缆干线按每 48 个信息插座配 2 芯光纤。

(3) 当楼层信息插座较少时,在规定长度范围内,可以多个楼层共用交换机,并合并计算光纤芯数。

(4) 如有光纤到用户桌面的情况,光缆直接从设备间引至用户桌面,干线光缆芯数应不包含这种情况下的光缆芯数。

(5) 主干系统应留有足够的余量,以作为主干链路的备份,确保主干系统的可靠性。

5. 垂直子系统缆线的绑扎

垂直子系统敷设缆线时,应对缆线进行绑扎。对绞电缆、光缆及其他信号电缆应根据缆线的类别、数量、缆径、缆线芯数分束绑扎,绑扎间距不宜大于 1.5m,间距应均匀,防止线缆应重量产生拉力造成线缆变形,不宜绑扎过紧或使缆线受到挤压。在绑扎缆线的时候特别注意的是应该按照楼层进行分组绑扎。

6. 线缆敷设要求

在敷设线缆时,对不同的介质要区别对待。

(1) 光缆

① 光缆敷设时不应该缠绕。

② 光缆在室内布线时要走线槽。

③ 光缆在地下管道中穿过时要用 PVC 管。

④ 光缆需要拐弯时,其曲率半径不得小于 30cm。

⑤ 光缆的室外裸露部分要加铁管保护,铁管要固定牢固。

⑥ 光缆不要拉得太紧或太松,并要有一定的膨胀和收缩余量。

⑦ 光缆埋地时,要加铁管保护。

（2）双绞线

① 双绞线敷设时要平直,走线槽,不要扭曲。

② 双绞线的两端点要标号。

③ 双绞线的室外部分要加套管,严禁搭接在树干上。

④ 双绞线不要拐硬弯。

在智能建筑的设计中,一般都有弱电竖井,用于垂直子系统的布线。在竖井中敷设缆线时一般有两种方式,向下垂放电缆和向上牵引电缆。相比较而言,向下垂放比较容易。

（3）向下垂放线缆的一般步骤

① 把线缆卷轴放到最顶层。

② 在离房子的开口 3～4m 处安装线缆卷轴,并从卷轴顶部馈线。

③ 在线缆卷轴处安排所需的布线施工人员,每层楼上要有一个工人,以便引寻下垂的线缆。

④ 旋转卷轴,将线缆从卷轴上拉出。

⑤ 将拉出的线缆引导进竖井中的孔洞。在此之前,先在孔洞中安放一个塑料的套状保护物,以防止孔洞不光滑的边缘擦破线缆的外皮。

⑥ 慢慢地从卷轴上放缆并进入孔洞向下垂放,注意速度不要过快。

⑦ 继续放线,直到下一层布线人员将线缆引到下一个孔洞。

⑧ 按前面的步骤继续慢慢地放线,并将线缆引入各层的孔洞,直至线缆到达指定楼层进入横向通道。

（4）向上牵引线缆的一般步骤

向上牵引线缆需要使用电动牵引绞车,其主要步骤如下:

① 按照线缆的质量,选定绞车型号,并按绞车制造厂家的说明书进行操作。先向绞车中穿一条绳子。

② 启动绞车,并往下垂放一条拉绳,直到安放线缆的底层。

③ 如果缆上有一个拉眼,则将绳子连接到此拉眼上。

④ 启动绞车,慢慢地将线缆通过各层的孔向上牵引。

⑤ 缆的末端到达顶层时,停止绞车。

⑥ 在地板孔边沿上用夹具将线缆固定。

⑦ 当所有连接制作好之后,从绞车上释放线缆的末端。

四、实践操作

垂直子系统布线实训路径为从设备间 1 台网络配线机柜到一、二、三楼 3 个管理间机柜之间的布线施工,如图 4-73 所示。主要包括以下施工项目。

（1）PVC 线管或者线槽沿墙面垂直安装。

（2）垂直子系统与楼层机柜之间的连接。包括侧面进线、下部进线、上部进线等方式。

（3）垂直子系统与管理间配线机柜之间的连接,包括底部进线、上部进线等方式。

1. 实训目的

（1）通过垂直子系统布线路径和距离的设计,熟练掌握垂直子系统的设计。

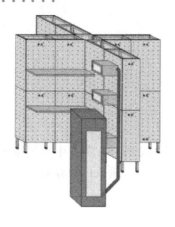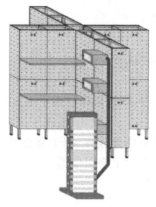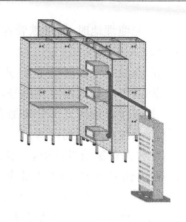

图 4-73　垂直子系统实训图

（2）通过线槽/线管的安装和穿线等,熟练掌握垂直子系统的施工方法。

（3）通过核算、列表、领取材料和工具,训练规范施工的能力。

2. 实训要求

（1）计算和准备好实验需要的材料和工具。

（2）完成竖井内模拟布线实验,合理设计和施工布线系统,路径合理。

（3）垂直布线平直、美观,接头合理。

（4）掌握垂直子系统线槽/线管的接头和三通连接以及大线槽开孔、安装、布线、盖板的方法和技巧。

（5）掌握锯弓、螺丝刀、电动起子等工具的使用方法和技巧。

3. 实训设备、材料和工具

（1）网络综合布线工程实训装置 1 套。

（2）PVC 塑料管、管接头、管卡若干。

（3）ϕ40mm PVC 线槽、接头、弯头等。

（4）综合布线工程实训工具箱、人字梯等。

4. 实训步骤

（1）设计一种使用 PVC 线槽/线管从设备间机柜→楼层管理间机柜的垂直子系统,并且绘制施工图,如图 4-73 所示。

（2）按照设计图,核算实训材料规格和数量,掌握工程材料核算方法,列出材料清单。

（3）按照设计图需要,列出实训工具清单,领取实训材料和工具。

（4）安装 PVC 线槽/线管。

（5）穿线、明装布线实训时,边布管边穿线。

5. 实训报告要求

（1）画出垂直子系统 PVC 线槽或管布线路径图。

（2）计算出布线需要弯头、接头等的材料和工具。

【复习思考题】

1. 说明垂直子系统的设计原则。

2. 列举出向下垂放电缆和向上牵引电缆的详细步骤。

模块 5　设备间子系统安装技术

一、教学目标

【知识目标】

1. 了解设备间子系统的基本概念。
2. 掌握设备间子系统的设计原则。
3. 掌握设备间子系统的安装技术。

【技能目标】

1. 能描述设备间子系统的设计原则。
2. 能进行设备间子系统的安装施工。

二、工作任务

1. 调研设备间子系统包含的内容。
2. 学习设备间子系统安装和施工技术。

三、相关知识点

（一）设备间子系统基本概念和工程应用

设备间子系统就是建筑物的网络中心，有时也称为建筑物机房，智能建筑物一般都有独立的设备间。设备间子系统是建筑物中数据、语音垂直主干缆线终接的场所，也是建筑群的缆线进入建筑物的场所，还是各种数据和语音设备及保护设施的安装场所，更是网络系统进行管理、控制、维护的场所。

设备间子系统一般设在建筑物中部或在建筑物的一、二层，避免设在顶层，而且要为以后的扩展留下余地，同时对面积、门窗、天花板、电源、照明、散热、接地等有一定的要求。如图 4-74 所示为建筑物设备间子系统实际应用案例图。

（二）建筑物设备间子系统的设计原则

1. 位置合适原则

设备间的位置应根据建筑物的结构、布线规模、设备数量和管理方式综合考虑。设备间宜处于干线子系统的中间位置，并考虑主干缆线的传输距离与数量，设备间宜尽可能靠近建筑物竖井位置，有利于主干缆线的引入，设备间的位置宜便于设备接地，设备间还要尽量远离高低压变配电、电机、X 射线、无线电发射等有干扰源存在的场地。

在工程设计中，设备间一般设置在建筑物一层或者地下室，位置宜与楼层管理间距离近，并且上下对应。这是因为设备间一般使用光缆与楼层管理间设备连接，比较短和很少的拐弯方便光缆施工和降低布线成本。同时设备间与建筑群子系统也是使用光缆连接，布线路由一般常用地埋管方式，设置在一层或者地下室时能够以较短的路由或者较低的成本实现光缆进入。

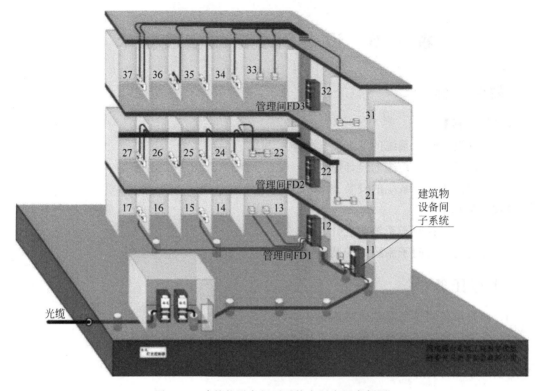

图 4-74　建筑物设备间子系统实际应用案例图

2. 面积合理原则

设备间面积大小,应该考虑安装设备的数量和维护管理方便。如果面积太小,后期可能出现设备安装拥挤,不利空气流通和设备散热。设备间内应有足够的设备安装空间,其使用面积不应小于 $20m^2$。特别要预留维修空间,方便维修人员操作,机架或机柜前面的净空间距离不应小于 800mm,后面的净空间距离不应小于 600mm。

3. 数量合适原则

每栋建筑物内应至少设置 1 个设备间,如果电话交换机与计算机网络设备分别安装在不同的场地或根据安全需要,也可设置 2 个或 2 个以上设备间,以满足不同业务的设备安装需要。

4. 外开门原则

设备间入口门采用外开双扇门,门宽不应小于 1.5m。

5. 配电安全原则

设备间的供电必须符合相应的设计规范,例如,设备专用电源插座、维修和照明电源插座、接地排等。

6. 环境安全原则

设备间室内环境温度应为 $10\sim35℃$,相对湿度应为 $20\%\sim80\%$,并应有良好的通风。设备间应有良好的防尘措施,防止有害气体侵入,设备间梁下净高不应小于 2.5m,有利于空气循环。

设备间空调应该具有断电自启动功能。如果出现临时停电,来电后能够自动重新启动,不需要管理人员专门启动。设备间空调容量的选择既要考虑工作人员,更要考虑设备散热,还要具有备份功能,一般必须安装两台,一台使用,一台备用。

7. 标准接口原则

建筑物综合布线系统与外部配线网连接时,应遵循相应的接口标准要求。

(三)设备间子系统安装技术

1. 走线通道敷设安装施工

设备间内各种桥架、管道等走线通道敷设应符合以下要求。

(1)安装牢固,横平竖直,水平走向支架或者吊架左右偏差应不大于 10mm,高低偏差不大于 5mm。

(2)走线通道与其他管道共架安装时,走线通道应布置在管架的一侧。

(3)走线通道内缆线垂直敷设时,在缆线的上端和每间隔 1.5m 处应固定在通道的支架上,水平敷设时,在缆线的首、尾、转弯及每间隔 3～5m 处进行固定。

(4)布放在电缆桥架上的线缆必须绑扎。绑扎后的线缆应互相紧密靠拢,外观平直整齐,线扣间距均匀,松紧适度。

(5)要求将交、直流电源线和信号线分架走线,或金属线槽采用金属板隔开,在保证线缆间距的情况下,可以同槽敷设。

(6)缆线应顺直,不宜交叉,特别在缆线转弯处应绑扎固定。

(7)缆线在机柜内布放时不宜绷紧,应留有适量余量,绑扎线扣间距均匀,力度适宜,布放顺直、整齐,不应交叉缠绕。

(8)6A 类 UTP 网线敷设通道填充率不应超过 40%。

2. 缆线端接

设备间有大量的跳线和端接工作,在进行缆线与跳线的端接时应遵守下列基本要求。

(1)需要交叉连接时,尽量减少跳线的冗余和长度,保持整齐和美观。

(2)满足缆线的弯曲半径要求。

(3)缆线应端接到性能级别一致的连接硬件上。

(4)主干缆线和水平线缆应被端接在不同的配线架上。

(5)双绞线外护套剥除最短。

(6)线对开绞距离不能超过 13mm。

(7)6A 类网线绑扎固定不宜过紧。

3. 布线通道安装

下面介绍开放式网格桥架的安装施工。

(1)地板下安装:设备间的桥架必须与建筑物的垂直子系统和管理间主桥架连通,在设备间内部,每隔 1.5m 安装一个地面托架或者支架,用螺栓、螺母等进行固定。常见安装方式如图 4-75 和图 4-76 所示。

一般情况下可采用支架,支架与托架离地高度也可以根据用户现场的实际情况而定,不受限制,底部至少距地 50mm 安装。

(2)天花板安装:在天花板安装桥架时采取吊装方式,通过槽钢支架或者钢筋吊竿,再结合水平托架和 M6 螺栓将桥架固定,吊于机柜上方,将相应的缆线布放到机柜中,通过机柜中的理线器等对其进行绑扎、整理归位。常见安装方式如图 4-77 所示。

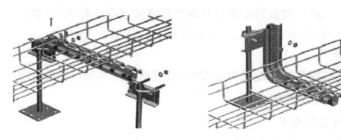

图 4-75　托架安装方式

图 4-76　支架安装方式

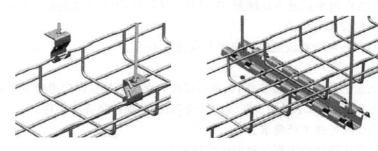

图 4-77　天花板吊装桥架安装方式

（3）特殊安装方式：分层吊挂安装可以满足敷设更多线缆的需求，便于维护和管理，也能使现场更美观，如图 4-78 所示。

图 4-78　分层安装桥架方式

机架支撑安装。采用这种新的安装方式,安装人员不用在天花板上钻孔,而且安装和布线时工人无须爬上爬下,省时省力,非常方便。用户不仅能对整个安装工程有更直观的控制,线缆也能自然通风散热,机房日后的维护升级也很简便,如图 4-79 所示。

图 4-79　机架支撑桥架安装方式

4. 设备间的接地

(1) 设备间的机柜和机架接地连接

设备间机柜和机架等必须可靠接地,一般采用自攻螺丝与机柜钢板连接方式。如果机柜表面是油漆过的,接地必须直接接触到金属,用褪漆溶剂或者电钻帮助来实现电气连接。

在机柜或者机架上距离地面 1.21m 高度分别安装静电释放(ESD)保护端口,并且安装相应标识。通过 6AWG 跳线与网状共用等电位接地网络相连,压接装置用于将跳线和网状共用等电位接地网络导线压接在一起。在实际安装中,禁止将机柜的接地线按"菊连"的方式串接在一起。

(2) 设备接地

安装在机柜或机架上的服务器、交换机等设备必须通过接地汇集排可靠接地。

(3) 桥架的接地

桥架必须可靠接地,常见接地方式如图 4-80 所示。

图 4-80　敞开式桥架接地方式

5. 设备间内部的通道设计与安装

(1) 人行通道

设备间内人行通道与设备之间的距离应符合下列规定。

① 用于运输设备的通道净宽不应小于 1.5m。

② 用于面布置的机柜或机架正面之间的距离不宜小于 1.2m。

159

③ 背对背布置的机柜或机架背面之间的距离不宜小于 1m。

④ 当需要在机柜侧面维修测试时,机柜与机柜、机柜与墙之间的距离不宜小于 1.2m。

⑤ 成行排列的机柜,其长度超过 6m(或数量超过 10 个)时,两端应设有走道;当两个走道之间的距离超过 15m(或中间的机柜数量超过 25 个)时,其间还应增加走道;走道的宽度不宜小于 1m,局部可为 0.8m。

(2) 架空地板走线通道

架空地板,地面起到防静电的作用,在它的下部空间可以作为冷、热通风的通道。同时又可设置线缆的敷设槽、道。

在地板下走线的设备间中,缆线不能在架空地板下面随便摆放。架空地板下缆线敷设在走线通道内,通道可以按照缆线的种类分开设置,进行多层安装,线槽高度不宜超过 150mm。在建筑设计阶段,安装于地板下的走线通道应当与其他的设备管线(如空调、消防、电力等)相协调,并做好相应防护措施。

考虑到国内的机房建设中,有的房屋层高受到限制,尤为改造项目,情况较为复杂。因此国内的标准中规定,架空地板下空间只作为布放通信线缆使用时,地板内净高不宜小于 250mm。当架空地板下的空间既作为布线,又作为空调静压箱时,地板高度不宜小于 400mm。地板下通道设置如图 4-81 所示。

国外 BISCI 的数据中心设计和实施手册中定义架空地板内净高至少满足 450mm,推荐 900mm,地板板块底面到地板下通道顶部的距离至少保持 20mm,如果有线缆束或管槽的出口时,则增至 50mm,以满足线缆的布放与空调气流组织的需要。

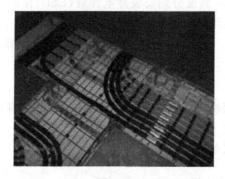

图 4-81　地板下通道布线示意图

(3) 天花板下走线通道

① 净空要求

常用的机柜高度一般为 2.0m,气流组织所需机柜顶面至天花板的距离一般为 500～700m,尽量与架空地板下净高相近,故机房净高不宜小于 2.6m。

根据国际分级指标,1～4 级数据中心的机房梁下或天花板下的净高分别如表 4-2 所示。

表 4-2　机房净高要求

类别 \\ 等级	一级	二级	三级	四级
天花板离地板高度	至少 2.6m	至少 2.7m	至少 3m。天花板离最高的设备顶部不低于 0.46m	至少 3m。天花板离最高的设备顶部不低于 0.6m

② 通道形式

天花板走线通道由开放式桥架、槽式封闭式桥架和相应的安装附件等组成。开放式桥架因其方便线缆维护的特点，在新建的一些数据中心中的应用较广。

走线通道安装在离地板 2.7m 以上机房走道和其他公共空间上空的空间，否则天花板走线通道的底部应铺设实心材料，以防止人员触及和保护其不受意外或故意的损坏。天花板通道设置如图 4-82 所示。

图 4-82　天花板通道布线示意图

③ 通道位置与尺寸要求

- 通道顶部距楼板或其他障碍物不应小于 300mm。
- 通道宽度不宜小于 100mm，高度不宜超过 150mm。
- 通道内横断面的线缆填充率不应超过 50%。
- 如果存在多个天花板走线通道时，可以分层安装，光缆最好敷设在铜缆的上方。为了方便施工与维护，铜缆线路和光纤线路宜分开通道敷设。
- 灭火装置的喷头应当设置于走线通道之间，不能直接放在通道的上面。机房采用管路的气体灭火系统时，电缆桥架应安装在灭火气体管道上方，不阻挡喷头，不阻碍气体。

6. 机柜机架的设计与安装

（1）预连接系统安装设计

预连接系统可以用于水平配线区—设备配线区，也可以用于主配线区—水平配线区之间线缆的连接。预连接系统的设计关键是准确定位预连接系统两端的安装位置以确定合适的线缆长度，包括配线架在机柜内的单元高度位置和端接模块在配线架上的端口位置，机柜内的走线方式、冗余的安装空间，以及走线通道和机柜的间隔距离等。

（2）机架缆线管理器安装设计

在每对机架之间和每列机架两端安装垂直缆线管理器，垂直线缆管理器宽度至少为 83mm（3.25in）。在单个机架摆放处，垂直缆线管理器至少 150mm（6in）宽。两个或多个机架一列时，在机架间考虑安装宽度 250mm（10in）的垂直线缆管理器，在一排的两端安装宽度 150mm（6in）的垂直线缆管理器，缆线管理器要求从地面延伸到机架顶部。

管理 6A 类及以上级别的缆线和跳线时，宜采用在高度或深度上适当增加理线空间的缆线管理器，满足缆线最小弯曲半径与填充率要求。机架缆线管理器的组成如图 4-83 所示。

（3）机柜安装抗震设计

单个机柜、机架应固定在抗震底座上，不得直接固定在架空地板的板块或随意摆放。对

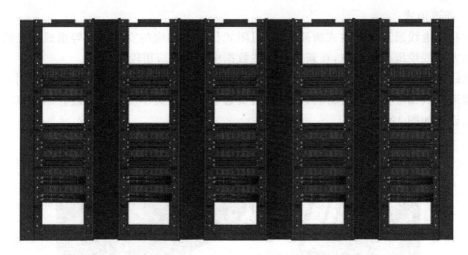

图 4-83 机架缆线管理器构成

每一列机柜、机架应该连接成为一个整体,采用加固件与建筑物的柱子及承重墙进行固定。机柜、列与列之间也应当在两端或适当的部位采用加固件进行连接。机房设备应防止地震时产生过大的位移,扭转或倾倒。

四、实践操作

设备间一般设在建筑物中部或在建筑物的一、二层,避免设在顶层或地下室。设备间内主要安装了计算机、计算机网络设备、电话程控交换机、建筑物自动化控制设备等硬件设备,计算机网络设备设备多安装在 42U 机柜内,这里主要做 42U 机柜的安装实训。

1. 实训目的

(1) 通过 42U 立式机柜的安装,了解机柜的布置原则和安装方法及使用要求。

(2) 通过 42U 机柜的安装,掌握机柜门板的拆卸和重新安装。

2. 实训要求

(1) 准备实训工具,列出实训工具清单。

(2) 独立领取实训材料和工具。

(3) 完成 42U 机柜的定位、地脚螺丝调整、门板的拆卸和重新安装。

3. 实训设备、材料和工具

(1) 立式机柜 1 个。

(2) 十字头螺丝刀,长度 150mm,用于固定螺丝。一般每人 1 个。

(3) 5m 卷尺,一般每组 1 把。

4. 实训步骤

(1) 准备实训工具,列出实训工具清单。

(2) 领取实训材料和工具。

(3) 确定立式机柜安装位置。

2~3 人组成一个项目组,选举项目负责人,每组设计一种设备安装图,并且绘制图纸。项目负责人指定 1 种设计方案进行实训。

(4) 实际测量尺寸。

（5）准备好需要安装的设备网络机柜,将机柜就位,然后将机柜底部的定位螺栓向下旋转,将四个轴辘悬空,保证机柜不能转动。

（6）安装完毕后,学习机柜门板的拆卸和重新安装。

5. 实训报告要求

（1）画出立式机柜安装位置布局示意图。

（2）分步陈述实训程序或步骤以及安装注意事项。

（3）实训体会和操作技巧。

【复习思考题】

1. 说明建筑物设备间子系统的设计原则。

2. 设备间子系统面积如何确定?

模块 6　建筑群子系统安装技术

一、教学目标

【知识目标】

1. 了解建筑群和进线间子系统的基本概念。

2. 掌握建筑群和进线间子系统的设计原则。

3. 掌握建筑群和进线间子系统的安装技术。

【技能目标】

1. 能描述建筑群和进线间子系统的设计原则。

2. 能进行建筑群子系统的安装施工。

二、工作任务

1. 调研建筑群和进线间子系统包含的内容。

2. 学习建筑群子系统安装和施工技术。

三、相关知识点

（一）建筑群子系统基本概念和工程应用

建筑群子系统也称为楼宇子系统,主要实现建筑物与建筑物之间的通信连接,一般采用光缆并配置光纤配线架等相应设备,它支持楼宇之间通信所需的硬件,包括缆线、端接设备和电气保护装置,如图 4-84 所示为建筑群子系统工程实际案例图。设计时应考虑布线系统周围的环境,确定建筑物之间的传输介质和路由,并使线路长度符合相关网络标准规定。

（二）进线间子系统基本概念和工程应用

进线间是建筑物外部通信和信息管线的入口部位,并可作为入口设施和建筑群配线设备的安装场地。进线间是 GB 50311 国家标准在系统设计内容中专门增加的,要求在建筑物前期系统设计中要增加进线间,满足多家运营商业务需要。进线间一般通过地埋管线进

163

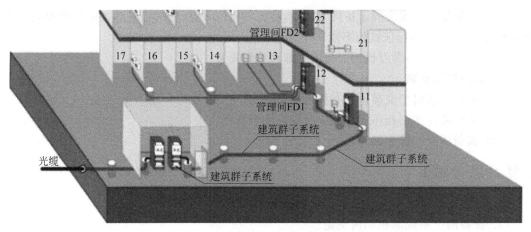

图 4-84　建筑群子系统工程实际案例图

入建筑物内部,宜在土建阶段实施。进线间主要作为室外电、光缆引入楼内的成端与分支及光缆的盘长空间位置。对于光缆至大楼、至用户、至桌面的应用及容量日益增多,进线间就显得尤为重要,图 4-85 所示为进线间子系统实际案例图。

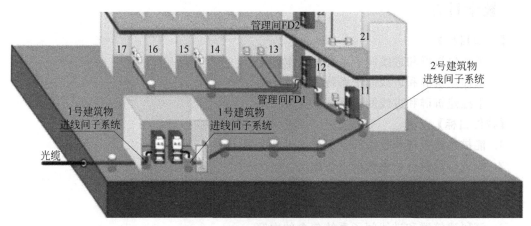

图 4-85　进线间子系统实际案例图

（三）建筑群子系统的设计原则

在建筑群子系统的设计时,一般要遵循以下原则。

1. 地下埋管原则

建筑群子系统的室外缆线,一般通过建筑物进线间进入大楼内部的设备间,室外距离比较长,设计时一般选用地埋管道穿线或者电缆沟敷设方式。也有在特殊场合使用直埋方式,或者架空方式。

2. 远离高温管道原则

建筑群的光缆或者电缆,经常在室外部分或者进线间需要与热力管道交叉或者并行,遇到这种情况时,必须保持较远的距离,避免高温损坏缆线或者缩短缆线的寿命。

3. 远离强电原则

园区室外地下埋设有许多 380V 或者 10000V 的交流强电电缆,这些强电电缆的电磁辐射非常大,网络系统的缆线必须远离这些强点电缆,避免对网路系统的电磁干扰。

4. 预留原则

建筑群子系统的室外管道和缆线必须预留备份,方便未来升级和维护。

5. 管道抗压原则

建筑群子系统的地埋管道穿越园区道路时,必须使用钢管或者抗压 PVC 管。

6. 大拐弯原则

建筑群子系统一般使用光缆,要求拐弯半径大,实际施工时,一般在拐弯处设立接线井,方便拉线和后期维护。如果不设立接线井拐弯时,必须保证较大的曲率半径。

(四) 进线间子系统的设计原则

在进线间子系统的设计时,一般要遵循以下原则。

1. 地下设置原则

进线间一般应该设置在地下或者靠近外墙,以便于缆线引入,并且应与布线垂直竖井连通。

2. 空间合理原则

进线间应满足缆线的敷设路由、端接位置及数量、光缆的盘长空间和缆线的弯曲半径、充气维护设备、配线设备安装所需要的场地空间和面积,大小应按进线间的进出管道容量及入口设施的最终容量设计。

3. 满足多家运营商需求原则

应考虑满足多家电信业务经营者安装入口设施等设备的面积。

4. 共用原则

在设计和安装时,进线间应该考虑通信、消防、安放、楼控等其他设备以及设备安装空间。如安装配线设备和信息通信设施时,应符合设备安装设计的要求。

5. 安全原则

进线间应设置防有害气体措施和通风装置,排风量按每小时不小于 5 次容积计算,入口门应采用相应防火级别的防火门,门向外开,宽度不小于 1000mm,同时与进线间无关的水暖管道不宜通过。

(五) 建筑群子系统的布线方法

建筑群子系统的缆线布设方式通常使用架空布线法、直埋布线法、地下管道布线法、隧道内布线法等。

1. 架空布线法

架空布线法造价较低,但影响环境美观且安全性和灵活性不足。这种布线法要求用电杆在建筑物之间悬空架设,一般先架设钢丝绳,然后在钢丝绳上挂放缆线。架空布线使用的主要材料和配件有:缆线、钢缆、固定螺栓、固定拉攀、预留架、U 形卡、挂钩、标志管等,如图 4-86 所示,在架设时需要使用滑车、安全带等辅助工具。

2. 直埋布线法

直埋布线法就是在地面挖沟,然后将缆线直接埋在沟内,通常应埋在距地面 0.6m 以下的地方,或按照当地城管等部门的有关法规去施工。直埋布线法的路由选择受到土质、公用设施、天然障碍物(如木、石头)等因素的影响。直理布线法具有较好的经济性和安全性,总体优于架空布线法,但更换和维护不方便且成本较高。

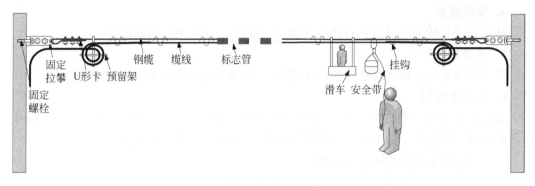

图 4-86　架空布线示意图

3. 地下管道布线法

地下管道布线是一种由管道和入孔组成的地下系统,它把建筑群的各个建筑物进行互连,1 根或多根管道通过基础墙进入建筑物内部的结构。地下管道能够保护缆线,不会影响建筑物的外观及内部结构。管道埋设的深度一般在 0.8~1.2m,或符合当地城管等部门有关法规规定的深度。为了方便日后的布线,管道安装时应预埋 1 根拉线,以供以后的布线使用。为了方便管理,地下管道应间隔 50~180m 设立一个接合井,此外安装时至少应预留 1~2 个备用管孔,以供扩充之用,图 4-87 所示为地下埋管布线示意图。

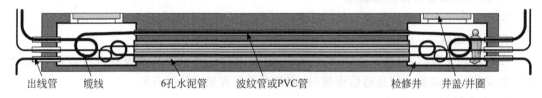

图 4-87　地下埋管布线示意图

4. 隧道内布线法

在建筑物之间通常有地下通道,利用这些通道来敷设电缆不仅成本低,而且可以利用原有的安全设施。如考虑到暖气泄漏等条件,安装时应与供气、供水、供段的管道保持一定的距离,安装在尽可能高的地方,可根据民用建筑设施有关条件进行施工。

以上叙述了管道内、直埋、架空、隧道 4 种建筑群布线方法,如表 4-3 所示。

表 4-3　4 种建筑群布线方法比较

方　法	优　点	缺　点
管道内	提供最佳的机械保护;任何时候都可敷设;扩充和加固都很容易;保持建筑物的外貌	挖沟、开管道和入孔的成本很高
直埋	提供某种程度的机械保护;保持建筑物的外貌	挖沟成本高;难以安排电缆的敷设位置;难以更换和加固
架空	如果有电线杆,则成本最低	没有提供任何机械保护;灵活性差;安全性差;影响建筑物美观
隧道	保持建筑物的外貌,如果有隧道,则成本最低,也十分安全	热量或泄漏的热气可能损坏缆线;可能被水淹

（六）建筑群子系统的安装要求

建筑群子系统主要采用光缆进行敷设,因此建筑群子系统的安装技术,主要指光缆的安装技术。安装光缆需格外谨慎,连接每条光缆时都要熔接。光纤不能拉得太紧,也不能形成直角。较长距离的光缆敷设最重要的是选择一条合适的路径。必须要有很完备的设计和施工图纸,以便施工和今后检查方便可靠。施工中要时注意不要使光缆受到重压或被坚硬的物体扎伤。光缆转弯时,其转弯半径要大于光缆自身直径的 20 倍。

1. 室外架空光缆施工

（1）吊线托挂架空方式,该方式简单便宜,我国应用最广泛,但挂钩加挂、整理较费时。

（2）吊线缠绕式架空方式,这种方式较稳固,维护工作少,但需要专门的缠扎机。

（3）自承重式架空方式,要求高,施工、维护难度大,造价高,国内目前很少采用。

（4）架空时,光缆引上线杆处须加导引装置进行保护,并避免光缆拖地,光缆牵引时注意减小摩擦力。每个杆上要预留伸缩的光缆。

（5）要注意光缆中金属物体的可靠接地。特别是在山区、高电压电网区和多地区一般要每公里有 3 个接地点。

2. 室外管道光缆施工

（1）施工前应核对管道占用情况,清洗、安放塑料子管,同时放入牵引线。

（2）计算好布放长度,一定要有足够的预留长度。

（3）一次布放长度不要太长（一般 2km）,布线时应从中间开始向两边牵引。

（4）布缆牵引力一般不大于 120kg,而且应牵引光缆的加强芯部分,并做好光缆头部的防水加强处理。

（5）光缆引入和引出处须加顺引装置,不可直接拖地。

（6）管道光缆也要注意可靠接地。

3. 直接地埋光缆的敷设

（1）直埋光缆沟深度要按标准进行挖掘。

（2）不能挖沟的地方可以架空或钻孔预埋管道敷设。

（3）沟底应保证平缓坚固,需要时可预填一部分沙子、水泥或支撑物。

（4）敷设时可用人工或机械牵引,但要注意导向和润滑。

（5）敷设完成后,应尽快回土覆盖并夯实。

4. 建筑物内光缆的敷设

（1）垂直敷设时,应特别注意光缆的承重问题,一般每两层要将光缆固定一次。

（2）光缆穿墙或穿楼层时,要加带护口的保护用塑料管,并且要用阻燃的填充物将管子填满。

（3）在建筑物内也可以预先敷设一定量的塑料管道,待以后要敷射光缆时再用牵引或真空法布光缆。

四、实践操作

（一）入口管道铺设实训

进线间主要是室外电、光缆引入楼内的成端与分支及光缆的盘长空间,进线间一般是靠近外墙和在地下设置,以便于缆线引入。

1. 实训目的

(1) 通过实训,了解进线间位置和进线间作用。

(2) 通过实训,了解进线间设计要求。

(3) 掌握进线间入口管道的处理方法。

2. 实训要求

(1) 学习掌握进线间的作用。

(2) 确定综合布线系统中进线间的位置。

(3) 准备实训工具,列出实训工具清单。

(4) 独立领取实训材料和工具。

(5) 独立完成进线间的设计。

(6) 独立完成进线间入口的处理。

3. 实训设备、材料和工具

(1) 网络综合布线工程实训装置 1 套。

(2) 直径 40mm 的 PVC 管、管卡、接头等若干。

(3) 锯弓、锯条、钢卷尺、十字头螺丝刀等。

4. 实训步骤

(1) 准备实训工具,列出实训工具清单。

(2) 领取实训材料和工具。

(3) 确定进线间的位置。

进线间在确定位置时要考虑到便于线缆的铺设以及供电方便。

2~3 人组成一个项目组,选举项目负责人,每组设计进线间的位置及进线间入口管道数量以及入口处理方式,并且绘制图纸。项目负责人指定 1 种设计方案进行实训。

(4) 铺设进线间入口管道。将进线间所有进线管道根据用途划分,并按区域放置。

(5) 对进线间所有入口管道进行防水等处理。

实训完后,学习进线间在面积、入口管孔数量的设计要求。

5. 实训报告要求

(1) 写出进线间在综合布线系统中重要性以及设计原则要求。

(2) 分步陈述在综合布线系统中设置进线间的要求和出入口的处理办法。

(二)光缆铺设实训

建筑物子系统的布线主要是用来连接两栋建筑物网络中心网络设备的,如图 4-88 表示,建筑物子系统的布线方式有:架空布线法、直埋布线法和地下管道布线法、隧道内电缆布线。本节主要做光缆架空布线方式的实训。

1. 实训目的

通过架空光缆的安装,掌握建筑物之间架空光缆操作方法。

2. 实训要求

(1) 准备实训工具,列出实训工具清单。

(2) 独立领取实训材料和工具。

(3) 完成光缆的架空安装。

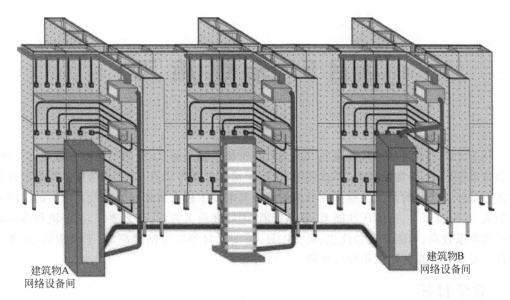

图 4-88　光缆铺设实训装置图

3. 实训设备、材料和工具

（1）网络综合布线工程实训装置 1 套。

（2）直径 5mm 钢缆、光缆、U 形卡、支架、挂钩若干。

（3）综合布线工程实训工具箱、人字梯等。

4. 实训步骤

（1）准备实训工具，列出实训工具清单。

（2）领取实训材料和工具。

（3）实际测量尺寸，完成钢缆的裁剪。

（4）固定支架，根据设计布线路径，在网络综合布线实训装置上安装固定支架。

（5）连接钢缆，安装好支架以后，开始铺设钢缆，在支架上使用 U 形卡来固定。

（6）铺设光缆，钢缆固定好之后开始铺设光缆，使用挂钩每隔 0.5m 架一个。

（7）安装完毕。

5. 实训报告要求

（1）设计一种光缆布线施工图。

（2）分步陈述实训程序或步骤以及安装注意事项。

（3）实训体会和操作技巧。

【复习思考题】

1. 建筑群子系统的设计原则是什么？

2. 进线间子系统的设计原则是什么？

3. 比较建筑群子系统的 4 种布线方式，并说明其优点和缺点。

4. 室外管道光缆施工时，需要注意哪些问题？

项目5 光缆施工

随着光纤传输技术的日渐成熟以及光纤在价格上越来越低,作为传播信息载体的光纤,具有传输损耗小、传输距离远、工作频带宽、抗干扰能力强等优点,使之成为信息网络最理想的传播载体。光缆的敷设与施工应考虑的事项与电缆工程大致相同。光纤是由极纯净的石英制成,光纤抗张力、抗侧压性能差,容易折断,因此在施工方法、工艺要求、工序流程等方面的技术要求较高,对测试仪器仪表、机械工具、辅助材料等要求精度高,要干燥清洁,还要求操作人员具有较高的知识和操作技能。

一、教学目标

【知识目标】

1. 掌握常用的光缆施工工具及使用方法。
2. 掌握光缆敷设规范。
3. 掌握光纤熔接的方法。
4. 了解光纤配线架安装规范。

【技能目标】

1. 能完成光缆的接续操作。
2. 能熟练安装光纤配线架。
3. 能熟练使用光纤熔接机。

二、工作任务

1. 完成从配线间到设备间的光纤链路的安装。
2. 安装光纤配线架。
3. 光纤熔接操作。

模块1 敷设光缆

一、教学目标

【知识目标】

1. 掌握常用的光缆施工工具及使用方法。
2. 掌握光缆敷设规范。
3. 会敷设室外光缆。
4. 会敷设室内光缆。

【技能目标】

1. 会使用光缆光纤施工工具。

2. 能熟练敷设室内外光缆。

二、工作任务

完成从配线间到设备间的光纤链路的安装。

三、相关知识点

（一）光缆

通信光缆自 20 世纪 70 年代开始应用以来,现在已经发展成为长途干线、电话中继、水底和海底通信以及局域网、专用网等有线传输的骨干线路,并且已开始向用户接入网发展。针对各种应用和环境条件等,通信光缆有架空、直埋、管道、水底、室内等敷设方式。

光缆施工包括光缆敷设和光缆连接。光缆与电缆同是通信线路的传输媒质,其施工方法虽基本相似,但因光纤是由石英玻璃制成的,光信号需密封在由光纤包层所限制的光波导管里传输,故光缆施工比电缆施工的难度要大,这种难度包括光缆的敷设难度和光缆连接难度。

光纤是光导纤维的简称,光导纤维是一种传输光束的细而柔韧的媒质。光缆就是由多根光纤组成一捆的线缆,光缆中的任何一芯叫光纤。

（二）光缆施工工具准备

1. 开缆工具

开缆工具的功能是剥离光缆的外护套,有沿线缆走向纵向剖切和横向切断光缆外护套两种开缆方式,因此有不同种类的开缆工具。以下介绍几种典型的开缆工具。

（1）横向开缆刀

横向开缆刀可用于横向切割光缆外皮,刀刃深度可轻易调节,操作方便,如图 5-1（a）所示。

(a)横向开缆刀　　　　(b)纵向开缆刀　　　　(c)横、纵向综合开缆刀

图 5-1　开缆刀

（2）纵向开缆刀

纵向开缆刀俗称"爬山虎",是光缆施工及维护中用于纵向剥开光缆的一种理想工具。工具本身由手柄、齿轮夹、双面刀以及偏心轮组成。偏心轮的 4 个可调位置可适用剥除不同外护层厚度的光缆。双面刀刀刃材质特殊,锋利且耐用,如图 5-1（b）所示。随工具还配备有黑色及黄色光（电）缆专用适配器,黄色适配器专用于光缆,黑色适配器则适用于小于 25mm 的电缆。在实际使用时,将黄色适配器套在双面刀处,将光缆偏心器调整正确后,将

刀口插入光缆,并使刀身与光缆平行,反复压动手柄即可。

(3) 横、纵向综合开缆刀

横、纵向综合开缆刀是针对光缆施工中剥开光缆外护套而专门设计的,很好地解决了开剥光缆操作中的难点:纵剖及横切。如图 5-1(c)所示,使用该工具可快捷精确地去除光缆外护套。

(4) 钢丝钳

剥离光缆的外护套除了需要开缆刀外,还需要剪断为了加强光缆而镶嵌在光缆外护套内的钢丝,需要使用钢丝钳,开缆刀是无法把它切断的,否则会损坏刀片。

2. 光纤剥离工具

光纤剥离工具用于剥离光纤涂覆层和外护层。

(1) 光纤剥离钳

光纤剥离钳种类很多,最常用的双口光纤剥离钳具有双开口、多功能的特点,如图 5-2(a)所示。钳刃上的 V 形口用于精确剥离 $250\mu m$、$500\mu m$ 的涂覆层和 $900\mu m$ 的缓冲层。第二开孔用于剥离 3mm 的尾纤外护层。所有的切端面都有精密的机械公差,以保证干净、平滑地操作。不使用时可将刀口锁在关闭状态。

(a) 光纤剥离钳　　　　　　　　　(b) 光纤剪刀

图 5-2　光纤剥离工具

(2) 光纤剪刀

光纤剪刀用于修剪凯弗拉线(Kevlar),如图 5-2(b)所示。它是一种防滑高杠杆锯齿剪刀,复位弹簧可提高剪切速度,它只可剪光纤线的凯弗拉线层,而不能剪光纤内芯线(玻璃层)。

(3) 光纤切割工具

光纤切割工具用于多模和单模光纤的切割,包括通用光纤切割工具和光纤切割笔。其中,通用光纤切割工具用于光纤的精密切割,如图 5-3 所示,其切割面平整光滑,有利于光纤熔接。

(4) 光纤熔接机

光纤熔接机采用芯对芯标准系统进行快递、全自动熔接,如图 5-4 所示。它配备有双摄像头和 5 英寸高清晰彩色显示器,能进行 x、y 轴同步观察。深凹式防风盖在 15m/s 的强风下能进行接续工作。可以自动检测放电强度,放电稳定可靠;能够进行自动光纤类型识别,自动校准熔接位置,自动选择最佳熔接程序,自动推算接续损耗。

图 5-3　光纤切割工具

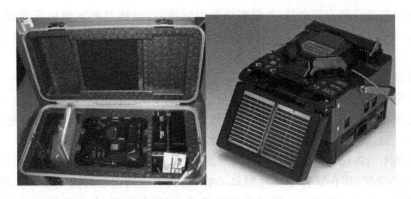

图 5-4 光纤熔接机

（三）光纤连接的种类

光缆敷设完成后，必须通过光纤连接才能形成一条完整的光纤传输链路。一条光纤链路有多处连接点，包括光纤直接接续点、连接器端接和连接器互连等接点，所以光纤连接也相应地有接续和端接两种方式。

1. 光纤接续

光纤接续是指两段光纤之间的永久连接。光纤接续分为机械接续和熔接两种。机械接续时把两根光纤切割清洗后通过机械连接部件结合在一起。机械接续可以进行调谐以减少两条光纤间的连接损耗。光纤熔接是在高压电弧放电下把两根光纤连接在一起，熔接时要把两根光纤的接头熔化后接为一体。熔接后，光线可以在两根光纤之间以极低的损耗传输。光纤熔接机是专门用于光纤熔接的工具，目前工程中主要采用操作方便、连接损耗低的熔接连接方式，具体方法在后面会详细说明。

2. 光纤端接

光纤端接是把光纤连接器与一根光纤接续后磨光的过程。光纤端接时要求连接器连接和对光纤连接器的端头磨光等操作，以减少连接损耗。光纤端接主要用于制作光纤跳线和光纤尾纤。目前市场上各种型号的端接连接器的光纤跳线和尾纤的成品繁多，所以现在综合布线工程中普通选用成品光纤跳线和尾纤，而很少进行现场光纤端接连接器。

（四）光缆敷设

1. 光缆敷设的基本要求

（1）光纤的纤芯是由石英玻璃制成，信号是由光传输的，所以光缆相比双绞线有更高要求的弯曲半径。2 芯或 4 芯水平光缆的弯曲半径应大于 25mm；其他芯数的水平光缆、主干光缆、室外光缆的弯曲半径应为光缆外径的 10 倍左右。

（2）光缆的抗拉强度比电缆小，因此在操作光缆时，不允许超过各种类型光缆的抗拉强度。敷设光缆的牵引力一般应小于光缆允许张力的 80%，对光缆瞬间最大牵引力不能超过允许张力。为了满足对弯曲半径和抗拉强度的要求，在施工中应使光缆轴转动，以便拉出光缆。放线总是从卷轴的顶部去牵引光缆，缓慢而且平稳地牵引，抽拉速度不能过快。

（3）涂有涂覆层的光纤细如毛发，敷设时应控制光缆的敷设张力，避免使光纤受到过度的外力（弯曲、侧压、牵拉、冲击等）。在光缆敷设施工中，严禁光缆打小圈及弯折、扭曲，光缆施工宜采用"前走后跟，光缆上肩"的放缆方法。

（4）光缆布放应留有冗余量,光缆布放路由宜盘留(过线井处),预留长度宜为 3～5m;在设备间和电信间,多余光缆盘成圈存放在配线架底部,有特殊要求的应按设计要求预留长度。

（5）敷设光缆的两端必须贴上标签,以表明起始位置和终端位置。

（6）光缆与建筑物内其他管线应保持一定间距。

（7）必须在施工前对光缆的端别进行判定,确定 A、B 端,A 端应是网络枢纽的方向,B 端是用户一侧,敷设光缆的端别应方向一致,不得将端别排列混乱。

（8）光缆不论在建筑物内或建筑群间敷设,应单独占用管道管孔,如利用原有管道与铜芯导线电缆共管时,用在管孔中穿放塑料子管,塑料子管的内径应为光缆外径的 1.5 倍以上。在建筑物内光缆与其他弱电系统平行敷设时,应留有间距,分开敷设,并固定绑扎。当 4 芯光缆在建筑物内采用暗管敷设时,管道的截面利用率应在 25%～30%。

2. 敷设前的准备

（1）工程所用的光缆规格、型号数量应符合设计的规定和合同要求。

（2）光缆所附标记、标签内容应齐全和清晰。

（3）光缆外护套需完整无损,光缆应有出厂质量检验合格证。

（4）光缆开盘后应先检查光缆端头封装是否良好。光缆外包装或光缆护套如有损伤,应对该盘光缆进行光纤性能指标测试,如有断纤,应进行处理,待检查合格才允许使用。光纤检测完毕,光缆端头应密封固定,恢复外包装。

（5）光缆跳线检验应符合下列规定:两端的光纤连接器端面应装配有合适的保护盖帽;每根光纤接插线的光纤类型应有明显的标记,应符合设计要求。

（6）光缆衰减测试和光纤长度检验。衰减测试时可先用光时域反射仪进行测试,测试结果若超出标准或与出厂测试数据相差较大,再用光功率计测试,并将两种测试结果加以比较,排除测试误差对实际测试结果的影响。要求对每根光纤进行长度测试,测试结果应与盘标长度一致,如果差别较大,则应从另一端进行测试或做通光检查,以判定是否有断纤现象。

3. 敷设光缆的步骤与方法

光缆敷设分为建筑物内光缆敷设和建筑群间光缆敷设两种。

（1）建筑物内光缆敷设

在建筑物内,光缆主要用于垂直干线布线,主要通过弱电井垂直敷设光缆。在弱电井中敷设光缆有两种选择:向上牵引和向下垂放。

通常向下垂放比向上牵引容易些,但如果将光缆卷轴机搬到高层上去很困难,则只能由下向上牵引。向上牵引和向下垂放方法与电缆敷设方法类似,只是在敷设过程中要特别注意光缆的最小弯曲半径,控制光缆的敷设张力,避免使光纤受到过度的外力。

在大型单层建筑物或当楼层配线间离弱电井距离较远时,垂直干线需要在水平方向敷设光缆,同时当水平布线选用光缆时也需要在水平方向敷设光缆,水平光缆敷设有在吊顶敷设和水平管道敷设两种方式。

（2）建筑群间光缆敷设

建筑群之间的光缆敷设,主要有管道敷设、架空敷设、直埋敷设和隧道敷设等几种敷设方法,其中管道敷设是一种比较理想的方法,也是采用最多的一种方法。

① 管道敷设

敷设光缆前,应逐段将管孔清刷干净和试通,清扫时应用专制的清刷工具,清扫后应用试通棒试通检查合格,才可穿放光缆。如采用塑料子管,要求对塑料子管的材质、规格、盘长进行检查,均应符合设计规定。一般塑料子管的内径为光缆外径的 1.5 倍以上,一个直径为 90mm 管孔中布放两根以上的子管时,其子管等效总外径不宜超过管孔内径的 85%。

当穿放塑料子管时,其敷设方法与建筑物内光缆敷设方法基本相同。如果采用多孔塑料管,可免去对子管的敷设要求。

光缆采用人工牵引布放时,每个人孔或手孔应有人值守帮助牵引,人工牵引可采用玻璃纤维穿线器;机械布放光缆时,不需每个孔都有人,但在拐弯处必须有专人照看。

光缆一次牵引长度一般不应大于 1000m。超长距离时,应将光缆盘成倒 8 字形分段牵引或在中间适当地点增加辅助牵引,以减少光缆张力和提高施工效率。

为了在牵引过程中保护光缆外护套等不受损伤,在光缆穿入管孔或管道拐弯处与其他障碍物有交叉时,应采用导引装置或喇叭口保护管等措施。此外,根据需要可在光缆四周加涂中性润滑剂等,以减少牵引光缆时的摩擦阻力。

光缆敷设后,应逐个在人孔或手孔中将光缆放置在规定的托板上,并应留有适当余量,避免光缆过于绷紧。人孔或手孔中光缆需要接续时,其预留长度应符合规定。在设计中如有要求做特殊预留的长度,应按规定位置妥善放置(例如预留光缆是为将来引入新建的建筑)。

光缆管道中间的管孔不得有接头。当光缆在人孔中没有接头时,要求光缆弯曲放置在电缆托板上,并固定绑扎,不得在人孔中间直接通过,否则既影响今后的施工和维护,又增加对光缆损害的机会。

光缆与其接头在人孔或手孔中,均应放在人孔或手孔铁架的电缆托板上予以固定绑扎,并应按设计要求采取保护措施。保护材料可以采用蛇形软管或软塑料管等管材。

光缆在人孔或手孔中应注意以下几点:光缆穿放的管孔出口端应封堵严密,以防水或杂物进入管内;光缆及其接续应有识别标志,标志内容有编号、光缆型号和规格等;在严寒地区应按设计要求采取防冻措施,以防光缆受冻损伤;如光缆有可能被碰损伤时,应在其上面或周围采取保护措施。

② 架空敷设

架空光缆是架挂在电杆上使用的光缆。这种敷设方式可以利用原有的架空明线杆路,可节省建设费用、缩短建设周期。架空光缆挂设在电杆上,要求能适应各种自然环境。架空光缆易受台风、冰凌、洪水等自然灾害的威胁,也容易受到外力影响和本身机械强度减弱等影响,因此架空光缆的故障率高于直埋和管道式的光纤光缆。一般用于长途二级或二级以下的线路,适用于专用网光缆线路或某些局部特殊地段。

架空光缆的敷设方法有两种。

吊线式:先用吊线紧固在电杆上,然后用挂钩将光缆悬挂在吊线上,光缆的负荷由吊线承载。

自承式:用一种自承式结构的光缆,光缆截面呈 8 字形,上部为自承线,光缆的负荷由自承线承载。

③ 直埋敷设

直埋敷设的光缆外部有钢带或钢丝的铠装,直接埋设在地下,要求有抵抗外界机械损伤的性能和防止土层腐蚀的性能。要根据不同的使用环境和条件选用不同的护层结构,例如在有虫鼠害的地区,要选用有防虫鼠咬啮保护层的光缆。

根据土质和环境的不同,光缆埋入地下的深度一般在 0.8~1.2m。在敷设时,还必须注意保持光纤要在允许的拉伸限度内。

(五)光缆施工安全操作规范

由于光纤传输和材料结构方面的特性,在施工过程中如果操作不当,光源可能会伤害到眼睛,切割留下的光纤纤维碎屑会伤害到身体,因此在光缆施工过程中要采取有效的安全防范措施。光缆传输系统使用光缆连接各种设备,如果连接不好或光缆断裂,会产生光波辐射;进行测量和维护工作的技术人员在安装和运行半导体激光器时,它们发出的光波都是一束发散的波束,其辐射通量密度随距离很快发散,距离越远,对眼睛伤害的可能性越小。

四、实践操作

(一)本地网通信光缆线路工程中敷设方式的选择

(1)市内光缆线路应采用管道敷设,架空只能作为过渡措施,在郊区没有管道或不能构筑管道时,可采用直埋方式。

(2)跨越河流时,在无特殊要求的情况下,应采用桥上管道或槽道建筑方式;当无桥可利用且河面不宽时,可采用架空建筑方式;当架空、管道条件均不具备时,应采用水下敷设方式。

(3)采用管道敷设方式的光缆线路,当管孔直径远大于光缆外径时,应在原管孔中采用子管方式,子管道的总外径不应超过原管孔内径的 85%,子管道内径不宜小于光缆外径的 1.5 倍。

(二)本地网通信光缆线路工程中光缆结构的选择

(1)设计宜采用填充复合混合物、无金属线对结构的光缆。

(2)外护层的选择应符合下列规定。

① 管道、架空宜用铝——聚乙烯粘接护层。

② 直埋光缆宜采用铝塑黏结、铠装、聚乙烯外护套。

③ 室内敷设应采用聚氯乙烯护套或不易燃的其他塑料材料的护套,如采用聚乙烯护套,则应采取有效的防火措施。

④ 过河线路应采用铝塑黏结(或铝套、钢套)钢丝铠装聚乙烯外护套。防外界电磁干扰的无金属光缆线路应采用聚乙烯外护套或纤维增强塑料护套。

模块 2　安装光纤配线架

一、教学目标

【知识目标】

1. 了解配线架的结构和种类。

2. 熟悉光纤配线架的安装方法。

【技能目标】

1. 能熟练地拆卸、安装光纤配线架。

2. 能熟练地在光纤配线架上进行盘纤操作。

二、工作任务

拆卸、安装光纤配线架；配线架内光纤盘线、固定。

三、相关知识点

光纤配线架是容纳光纤和进行光纤转接的部件，为此，它的基本功能是能够固定和收容光纤、端接光纤和安装光纤耦合器。同时也可以保护光纤的接头，防止其被损坏，因此也是一种保护装置。首先，光纤配线架的工作环境要求，应适应使用地的温度、湿度和大气压等具体条件；其次，光连接器的损耗、互换、耐久等技术特性指标和机架的绝缘耐压指标应符合标准；最后，机架的安装固定应简单便利，操作使用应方便和安全。

（一）光纤配线架的种类

光纤配线架分为 3 种类型，即壁挂式、机柜式和机架式。壁挂式一般为箱体结构，适用于光缆条数和光纤芯数都较少的场所；机柜式是采用封闭式结构，纤芯容量比较固定，外形比较美观；机架式一般采用模块化设计，用户可根据光缆的数量和规格选择相对应的模块，灵活地组装在机架上，它是一种面向未来的结构，可以为以后光纤配线架向多功能发展提供便利条件。光纤配线架应尽量选用铝型材机架，其结构较牢固，外形也美观。机架的外形尺寸应与现行传输设备标准机架相似，以方便机房排列。表面处理工艺和色彩也应与机房内其他设备相近，以保持机房内的整体美观。

（二）光纤配线架的选择

1. 光纤配线架安装的位置

光纤配线架通常安装在机架内，对于小型安装，可直接安装在墙壁上。

2. 有光缆余留量安放空间

应当预留一定量的光缆安放空间以防在配线架内拉断光纤，并能防止光纤被扯出配线架。

3. 有保护装置

在光纤配线架内部应设有光纤保护装置。

4. 通用性

不同的耦合器在配线架上要尽可能体现出通用性。比如 LC 型光纤配线架就要适合双工 LC、单工 SC、MT-RJ 型光纤适配器；ST 型光纤配线架就要适合 ST 型、FC 型光纤适配器，以提高产品的可用性。

（三）光纤配线架的特点

（1）集光缆光纤熔接、尾纤收容、跳接线收容等三种功能于一体。

（2）余长收容在两个特制的半圆形塑料绕线盘上，保证光纤的弯曲半径大于 37.2mm。

（3）面板安装光纤适配器，如 ST、SC、SFF。

（4）自带面板、熔接盘和绕线盘，只要配备适配器和尾纤（或光纤连接器）就可以进行端接和跳线。

四、实践操作

（一）光纤配线架结构

光纤配线架由箱体、光纤连接盘、面板 3 部分构成，如图 5-5 所示。

图 5-5　光纤配线架结构

（二）光纤配线架安装步骤

（1）打开光纤配线架的盖板，在光纤配线架的面板上安装选定的耦合器，如图 5-6 所示。

图 5-6　在面板上安装耦合器

（2）将安装的光缆从机柜底部穿入，按施工规范做好光缆预留，用于光纤的端接。

（3）为熔接方便，光纤配线架暂时不安装到机柜中，而是放置在机柜前，将光缆穿过光纤配线架的进缆孔。

（4）根据光纤配线架的尺码，在距光缆末端 40～50 cm 处用横向开缆刀横向切断光缆外护套，用纵向开缆刀沿线缆走向剖切光缆外护套，然后将外护套抽出。如果仅用横向开缆刀开缆时，由于外护套很紧，很难一次将切割后的外护套抽出，可以考虑分 3 次切割，每次长度为 13～15 cm。

（5）用卫生纸把光纤上的油膏擦干净，用凯弗拉线剪刀剪掉凯弗拉线。

（6）离开缆处约 8 cm 处用钢丝钳剪掉保护用的钢丝，留下的 8 cm 钢丝用于将光缆固定在光纤配线架上。

（7）光纤熔接。熔接方法见本项目中的"模块 3"。

（8）光纤熔接完成后，要进行盘纤操作。

科学的盘纤方法，可使光纤布局合理，附加损耗小，经得住时间和恶劣环境的考验，可避免挤压造成的断纤现象。

① 盘纤规则。

a. 沿热缩管或光缆分支方向为单位进行盘纤，前者适用于所有的接续工程；后者仅适用于主干光缆末端，且为一进多出。分支多为小对数光缆。该规则是每熔接和热缩完一个以上热缩管内的光纤或一个分支方向光缆内的光纤后，盘纤一次。优点：避免了光纤热缩管间或不同分支光缆间光纤的混乱，使之布局合理，易盘、易拆，更便于日后维护。

b. 以预留盘中热缩管安放单元为单位盘纤，此规则是根据接续盒内预留盘中某一小安放区域内能够安放的热缩管数目进行盘纤。优点：避免了由于安放位置不同而造成的同一束光纤参差不齐，难以盘纤和固定，甚至出现急弯、小圈等现象。

c. 特殊情况，如在接续中出现光分路器、上/下路尾纤、尾缆等特殊器件时，要先熔接、热缩、盘绕普通光纤，再依次处理上述情况，为安全起见常另盘操作，以防止挤压引起附加损耗的增加。

② 盘纤方法。

a. 先中间后两边，即先将热缩后的套管逐个放置于固定槽中，然后再处理两侧余纤，如图 5-7 所示。优点：有利于保护光纤接点，避免盘纤可能造成的损害。在光纤预留盘空间小，光纤不易盘绕和固定时，常用此种方法。

图 5-7 光纤固定

b. 以一端开始盘纤，即从一侧的光纤盘起，固定热缩管，然后再处理另一侧余纤。优点：可根据一侧余纤长度灵活选择热缩管安放位置，方便、快捷，可避免出现急弯、小圈现象。

c. 特殊情况的处理，如个别光纤过长或过短时，可将其放在最后单独盘绕；带有特殊光器件时，可将其另盘处理，若与普通光纤共盘时，应将其轻置于普通光纤之上，两者之间加缓冲衬垫，以防挤压造成断纤，且特殊光器件尾纤不可太长。

d. 根据实际情况,采用多种图形盘纤。按余纤的长度和预留盘空间大小,顺势自然盘绕,切勿生拉硬拽,应灵活地采用圆、椭圆、"∞"、"～"多种形状的盘纤,尽可能最大限度地利用预留盘空间和有效降低因盘纤带来的附加损耗。

(9) 移去耦合器防尘罩,将尾纤 ST 头按标记插入配线架面板上的耦合器中,盖上盘纤盒盖板,将光缆保护钢丝固定至进缆孔处的连接螺栓上,以起保护固定作用和接地作用,然后将需要加固的地方用尼龙扎带固定,如图 5-8 所示。

图 5-8　光纤配线架内部安装示意图

(10) 盖上光纤配线架盖板,将光纤配线架安装在机柜上,整理和捆扎好机柜底部预留的部分光缆,如图 5-9 所示。至此,光纤配线架安装完毕。

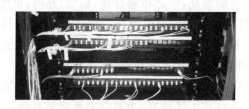

图 5-9　安装完成后的光纤配线架

模块 3　光纤熔接

一、教学目标

【知识目标】

1. 知道光纤连接方式。
2. 懂得光纤接续的安全操作规程。
3. 熟悉光纤连接器的种类和互连。
4. 知道光纤连接的极性。

【技能目标】

1. 会使用光纤熔接机。
2. 能熟练熔接光纤。

二、工作任务

熔接光纤。

三、相关知识点

（一）光纤连接的主要方式

在目前实际应用中，光纤连接一般采用以下三种形式来适应具体的应用需要。

1. 固定连接

固定连接形式主要用于光缆线路中光纤间的永久性连接，多采用熔接，也有的采用粘接和机械连接。固定连接的特点是接头损耗小、机械强度较高。

2. 活动连接

活动连接主要用于光纤与传输系统设备以及与仪表间的连接，主要是通过光连接插头进行连接。其特点是接头灵活性较好，调换连续点方便，但损耗和反射较大是这种连接方式的不足。

3. 临时连接

测量尾纤与被测光纤间的耦合连接，一般采用此方式连接。其特点是方便灵活，成本低，对损耗要求不高。临时测量时多采用此方式连接。

（二）对光纤连接的要求

光纤连接是光缆线路中的一项关键性技术。光纤连接质量的优劣不仅直接影响光缆传输损耗的容限和传输的距离，而且影响系统使用的稳定性和可靠性。

（1）光缆的连接损耗要小，连接损耗稳定性要好，一般温差范围内不应有附加损耗的产生。

（2）光缆终端接头或设备的布置应合理有序，安装位置需安全稳定，其附近不应有可能损害它的外界设施，例如热源、易燃物等。

（3）从光纤终端接头引出的光纤尾或单芯光缆所带的连接器应按设计要求插入光缆配线架上的连接部件中。暂时不用的连接器可不插接，但必须套上塑料帽，以保证其不被污染，便于以后连接使用。

（4）在机架或设备（如光纤接头盒）内，应对光纤和光纤接头加以保护，光纤盘绕方向要一致，要有足够的空间和符合规定的曲率半径，需具有足够的机械强度和使用寿命，必要时需用扎带捆扎。

（5）光缆中的金属屏蔽层、金属加强芯和金属铠装层均应按设计要求，采取终端连接和接地，并要求检查和测试其是否符合标准规定。

（6）操作应尽量简便，易于施工作业，接头体积要小，易于放置和保护，费用低，材料易于加工。

（7）光缆传输系统中的光缆连接器在插入适配器或耦合器前，应保持连接器插头和适配器内部的清洁，插接必须紧密、牢固可靠。

（8）光纤终端连接处均应设有醒目标志，其标志内容（如光纤序号和用途等）应正确无误，清楚完整。

目前,光纤的连接绝大多数采用电弧熔接法,虽然它对熔接设备要求较高,但上述各项指标均能满足要求。良好的熔接点平均损耗可以做到 0.1dB 以下。用粘接法进行固定连接,因其各项指标均不如熔接,所以应用较少。

(三) 光纤连接器的互连

光纤连接器的互连端接比较简单,下面以 ST 型光纤连接器为例,说明其互连方法,如图 5-10 所示。

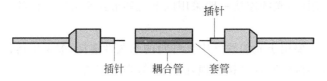

图 5-10　光纤连接器的互连

(1) 清洁 ST 连接器。拿下 ST 型光纤连接器头上的黑色保护帽,用沾有光纤清洁剂的棉花签轻轻擦拭连接器头。

(2) 清洁耦合器。摘下光纤耦合器两端的红色保护帽,用沾有光纤清洁剂的杆状清洁器穿过耦合器孔擦拭耦合器内部以除去其中的碎片。

(3) 使用罐装气,吹去耦合器内部的灰尘。

(4) ST 型光纤连接器插到一个耦合器中。将光纤连接器头插入耦合器的一端,耦合器上的凸起对准连接器槽口,插入后扭转连接器以使其锁定。如经测试发现光能量耗损较高,则需摘下连接器并用罐装气重新净化耦合器,然后再插入 ST 型光纤连接器。在耦合器的两端插入 ST 型光纤连接器,并确保整个连接器的端面在耦合器中接触。

【注意】　每次重新安装时,都要用罐装气吹去耦合器中的灰尘,并用沾有光纤清洁剂的棉花签擦净 ST 型光纤连接器。

(5) 重复以上步骤,直到所有的 ST 型光纤连接器都插入耦合器为止。

【注意】　若一次来不及装上所有的 ST 型光纤连接器,则连接器头上要盖上黑色保护帽,而耦合器空白端或未连接的一端(另一端已插上连接头)要盖上红色保护帽。

(四) 光纤端接极性

光纤传输通道包括 2 根光纤,一根接收信号,另一根发送信号,即光信号只能单向传输。如果收对收,发对发,光纤传输系统肯定不能工作。因此光纤工作前,应先确定信号在光纤中的传输方向。

ST 型光纤连接器通过繁冗的编号方式来保证光纤极性,SC 型光纤连接器为双工接头,在施工中对号入座就可解决极性问题。

综合布线采用的光纤连接器配有单工和双工光纤软线。建议在水平光缆或干线光缆连接处的光缆侧采用单工光纤连接器,在用户侧采用双工光纤连接器,以保证光纤连接的极性正确。

光纤信息插座的极性可通过锁定插座来确定,也可用耦合器 A 位置和 B 位置的标记来确定,可用线缆延伸这一极性。这些光纤连接器及标记可用于所有非永久的光纤交叉连接场合。

应用系统的设备安装完成后,则其极性就已确定,光纤传输系统就会保证发送信号和接收信号的正确性。

(1) 用双工光纤连接器(SC)时,需用键锁扣定义极性。

(2) 当用单工光纤连接器(BFOC/2.5)时,对连接器应做上标记,表明它们的极性。

对微型光纤连接器来说,比如 LC 型、FJ 型、MT-RJ 型以及 VF45 型连接器,它是一对光纤一起连接而且接插的方向是固定的,在实际使用中比较方便,也不会误插。

(五) 光纤连接损耗

光纤连接损耗的原因包括光纤本征因素和非本征因素两种。光纤本征因素是指光纤自身因素,它是由光纤的变化引起的,当两根不同类型的光纤连接在一起时,会导致本征损耗。光纤非本征因素是指接续技术引起的光纤连接损耗。光缆一出厂,其光纤自身的传输损耗也基本确定,而光纤接头处的接续损耗则与光纤本身及现场施工有关,使用引起光纤连接的损耗主要是非本征因素,因此,要提高接续技术以降低光纤接头处的接续损耗。

光纤非本征因素主要有以下几种情况。

(1) 端面分离。活动连接器的连接不好,很容易产生端面分离,造成连接损耗增大,当熔接机放电电压较低时,也容易产生端面分离,此情况在有拉力测试功能的熔接机中可以发现。

(2) 轴心错位。单模光纤纤芯很细,两根对接光纤轴心错位会影响接续损耗。当错位 $1.2\mu m$ 时,接续损耗达 0.5dB。

(3) 轴心倾斜。当光纤断面倾斜 1° 时,产生约 0.6dB 的接续损耗。如果要求接续损耗≤0.1dB,则单模光纤的倾角应小于 0.3°。

(4) 端面质量。光纤端面的平整度也会产生损耗,甚至产生气泡。

(5) 接续点附近光纤物理变形。光缆在架设过程中的拉伸变形,接续盒中夹固光缆压力太大等,都会对接续损耗产生影响,甚至熔接几次都不能改善。

对于熔接来说,接续人员操作水平、操作步骤、盘纤工艺水平、熔接机中电极清洁程度、熔接参数设置、工作环境清洁程度等因素都会影响到熔接损耗的值。

四、实践操作

光纤熔接是接续工作的中心环节,因此高性能熔接机和熔接过程中科学操作十分必要。

1. 熔接机的选择

熔接机的选择应根据光缆工程要求配备蓄电池容量和精密度合适的熔接设备。需要性能优良、运行稳定、熔接质量高,且配有防尘防风罩、大容量蓄电池,适用于各种大中型光缆工程的熔接机。也有熔接机体积较小、操作简单,并备有简易切刀,蓄电池和主机合二为一,携带方便,精度比前者稍差,电池容量较小,适用于中小型光缆工程。

2. 熔接程序

熔接前根据光纤的材料和类型,设置好最佳预熔主熔电流和时间及光纤送入量等关键参数。熔接过程中还应及时清洁熔接机的 V 形槽、电极、物镜、熔接室等,随时观察熔接中有无气泡,以及是否有过细、过粗、虚熔、分离等不良现象,注意 OTDR 跟踪监测结果,及时分析产生上述不良现象的原因,采取相应的改进措施。如多次出现虚熔现象,应检查熔接的两根光纤的材料、型号是否匹配,切刀和熔接机是否被灰尘污染,并检查电极氧化状况。若均无问题,则应适当提高熔接电流。

3. 光纤涂面层的剥除

掌握平、稳、快三字剥纤法。平,即持纤要平。左手拇指和食指捏紧光纤,使之成水平状,所露长度以 5cm 为好,余纤在无名指、小拇指之间自然打弯,以增加力度,防止打滑。稳,即剥纤钳要握得稳。快,即剥纤要快,剥纤钳应与光纤垂直,上方向内倾斜一定角度,然后用钳口轻轻卡住光纤,右手随之用力,顺光纤轴向平推出去,整个过程要自然流畅,一气呵成。如图 5-11 所示。

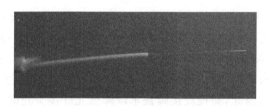

图 5-11　光纤涂面层的剥除

4. 端面的制备

光纤端面的制备包括剥覆、清洁和切割几个环节。合格的光纤端面是熔接的必要条件,端面质量直接影响到熔接质量。

5. 裸纤的清洁

裸纤的清洁应按下面的两步骤操作。

(1) 观察光纤剥除部分的涂覆层是否全部剥除,若有残留则应重剥。如有极少量不易剥除的涂覆层,可用棉球沾适量酒精,边浸渍,边逐步擦除。

(2) 将棉花撕成层面平整的扇形小块,沾少许酒精(以两指相捏无溢出为宜),折成 V 形,夹住已剥覆的光纤,顺光纤轴向擦拭,力争一次成功。一块棉花使用 2~3 次后要及时更换。每次要使用棉花的不同部位和层面,这样既可提高棉花利用率,又防止了裸纤的二次污染。

6. 裸纤的切割

切割是光纤端面制备中最为关键的部分,精密、优良的切刀是基础,严格、科学的操作规范是保证。

(1) 切刀的选择

切刀有手动和电动两种。前者操作简单、性能可靠,随着操作者水平的提高,切割效率和质量可大幅度提高,且要求裸纤较短,但该切刀对环境温差要求较高。后者切割质量较高,适宜在野外寒冷条件下作业,但操作较复杂,工作速度恒定,要求裸纤较长,如图 5-12 所示。

熟练的操作者在常温下进行快速光缆接续或抢险,采用手动切刀为宜;反之,初学者或在野外较寒冷条件下作业时,宜用电动切刀。

(2) 操作规范

操作人员应经过专门训练掌握动作要领和操作规范。首先要清洁切刀和调整切刀位置,切刀的摆放要平稳,切割时,动作要自然、平稳,勿重、勿急,避免断纤、斜角、毛刺、裂痕等不良端面的产生。另外,合理分配和使用自己的右手手指,使之与切刀的具体部件相对应、

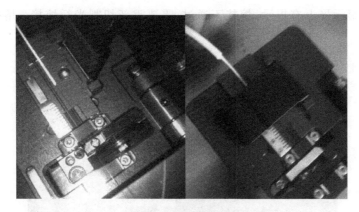

图 5-12　裸纤的切割

协调,从而提高切割速度和质量。

（3）谨防端面污染

热缩套管应在剥覆前穿入,严禁在端面制备后穿入。裸纤的清洁、切割和熔接的时间应紧密衔接,不可间隔过长,特别是已制备的端面切勿放在空气中。移动时要轻拿轻放,防止与其他物件擦碰。在接续中,应根据环境,对切刀 V 形槽、压板、刀刃进行清洁,谨防端面污染。

7. 熔接步骤

首先,从光缆束中分离光纤,用光纤剥离钳剥去涂覆层,其长度一般为 3cm 左右,用酒精棉将光纤擦干净。将光纤放入切割刀中的光纤槽中,将光纤切到规范长度(除去涂覆层的光纤长度),一般为 15mm 左右(切割刀上有刻度),制备光纤端面,然后将光纤断头用夹子夹到指定容器内。

开启熔接机,确定要熔接的光纤是多模光纤还是单模光纤,打开熔接机电极上的护罩,打开 V 形槽夹,将光纤平稳地放入槽中,在槽内滑动光纤,保证光纤端头达到两电极之间时,合上 V 形槽夹,将光纤固定后准备尾纤,如图 5-13 所示。

图 5-13　光纤放入熔接槽

根据尾纤从耦合器到盘纤盒长度和熔接需要的长度,预留光纤尾纤长度,将热缩管套入尾纤上。剥离尾纤的保护层和涂覆层,方法与光纤剥离相同,放入 V 形槽的另一边后,合上电极护罩,自动或手动对准光纤,开始光纤的预熔。

通过高压电弧放电把两光纤的端头熔接在一起,熔接光纤后,熔接机会自动测试接头损耗,作出质量判断。光纤熔接的最大接续损耗不得超过 0.03dB。如果光纤切割不良或两端纤芯没有对准,显示屏上有提示,熔接不通过,需要重新切割光纤熔接。熔接机显示屏如图 5-14 所示。

图 5-14　显示熔接过程

光纤符合要求后,从 V 形槽中取出,移动热缩管至熔接点中间,将其放置于熔接机的加热器中加热收缩,保护熔接头,如图 5-15 所示。

图 5-15　熔接机加热器

8. 光缆接续质量的确保

加强 OTDR 的监测,对确保光纤的熔接质量,减少因盘纤带来的附加损耗和封盒可能对光纤造成的损害,具有十分重要的意义。在整个接续工作中,必须严格执行 OTDR 四道监测程序。

(1) 熔接过程中对每一芯光纤进行实时跟踪监测,检查每一个熔接点的质量。

(2) 每次盘纤后,对所盘光纤进行例检以确定盘纤带来的附加损耗。

(3) 封接续盒前,对所有光纤进行统测,以查明有无漏测和光纤预留盘间对光纤及接头有无挤压。

(4) 封盒后,对所有光纤进行最后检测,以检查封盒是否对光纤有损害。

光缆接续是一项细致的工作,特别在端面制备、熔接、盘纤等环节,要求操作者仔细观察,周密考虑,操作规范。总之,在工作中,要培养严谨细致的工作作风,勤于总结和思考,才能提高实践操作技能,降低接续损耗,全面提高光缆的接续质量。

【复习思考题】

一、填空题

1. 光缆按敷设方式不同可分为_____、_____、_____、_____等。

2. 光纤接续一般可分为_____和_____两大类。

3. 光纤连接后,光传输经过接续部位时将产生一定的损耗量,习惯称为_____,即接头损耗。

二、选择题

1. 光缆在施工敷设时,弯曲半径应大于光缆外径(　　)倍。

    A. 15　　　　　　　　B. 20　　　　　　　　C. 25　　　　　　　　D. 30

2. 光缆护层剥除后,缆内油膏可用(　　)擦干净。

    A. 汽油　　　　　　　B. 煤油　　　　　　　C. 酒精　　　　　　　D. 丙酮

3. 光纤余留长度的收容方式有多种,下面四种方式中,使用最广泛的是(　　)。

    A. 近似直接法　　　　　　　　B. 平板式盘绕法

    C. 绕桶式收容法　　　　　　　D. 存储袋筒形卷绕法

4. 接头损耗对于某一个接头来说,用 OTDR 仪测定应是(　　)。

    A. 双向测量的累加值　　　　　B. 双向测量的平均值

    C. 单向测量的累加值　　　　　D. 单向测量的平均值

三、简答题

1. 光缆施工过程中,常用的工具有哪些?

2. 光缆敷设时,应根据哪些因素选择敷设方式?

3. 安装光纤配线架时,应如何选用光纤配线架的品种?

4. 用熔接机熔接光纤时,失败的原因可能有哪些?

项目 6 测试综合布线链路

综合布线工程实施完成后,需要对布线工程进行全面的测试工作,以确认系统的施工是否达到工程设计方案的要求,它是工程竣工验收的主要环节。要掌握综合布线工程测试技术,关键是掌握综合布线工程测试标准及测试内容、测试仪器的使用方法、电缆和光缆的测试方法。

一、教学目标

【知识目标】

1. 了解综合布线测试类型。
2. 掌握综合布线测试模型。
3. 掌握综合布线测试标准。
4. 掌握测试电气性能指标。
5. 熟悉测试仪表种类和型号。

【技能目标】

1. 能依据工程类型选择测试标准和测试模型。
2. 能熟练使用测试仪表。
3. 能用测试仪表现场测试布线链路。
4. 知道常见测试结果不通过的原因,并能初步对故障进行诊断排除。
5. 能生成测试报告。

二、工作任务

1. 根据设计要求,选择布线工程测试模型和测试标准。
2. 使用认证测试仪器进行电缆链路、光缆链路的测试。
3. 使用测试软件导出测试数据并生成测试报告。

模块 1 选择测试模型与测试标准

一、教学目标

【知识目标】

1. 知道测试的两种类型。
2. 熟悉认证测试标准。
3. 熟悉认证测试模型及区别。

4. 能根据要求选定测试模型与测试标准。

【技能目标】

1. 能根据设计要求选择测试标准。

2. 能根据测试对象选择测试模型。

二、工作任务

根据设计要求,选择布线工程测试模型和测试标准。

三、相关知识点

(一)综合布线测试类型

综合布线系统的信息点测试分为验证测试和认证测试两种类型。

验证测试即随工测试,在系统建设过程中完成,由施工人员使用简单仪器对完成的布线系统连通性进行测试,常用的测试仪器如图 6-1 所示。主要目的是检查其安装工艺是否符合要求,连接序列是否正确,链路是否连通,为最终的认证测试做好准备。

认证测试是综合布线系统最终的验收测试。认证测试按照综合布线系统的建设标准,针对电气特性以及传输特性进行的测试。要求使用与系统建设标准对应的测试标准进行测试,常用的测试仪器如图 6-2 所示。

图 6-1 布线验证测试仪器　　　　图 6-2 布线认证测试仪器

综合布线工程包括电缆系统电气性能测试及光纤系统性能测试,电缆系统测试项目应根据布线信道或链路的设计等级和布线系统的类别要求制定。各项测试结果应有详细记录,作为竣工资料的一部分。

对绞电缆及光纤布线系统的现场测试仪要求如下:

(1)应能测试信道与链路的性能指标。

(2)应具有针对不同布线系统等级的相应精度,应考虑测试仪的功能、电源、使用方法等因素。

(3)测试仪精度应定期检测,每次现场测试前应出示测试仪的精度有效期限证明。

(4)测试仪表应具有测试结果的保存功能并提供输出端口,将所有存储的测试数据输出至计算机和打印机,测试数据必须不被修改,并进行维护和文档管理。

(5)测试仪表应提供所有测试项目、概要和详细的报告。

(6)测试仪表宜提供汉化的通用人机界面。

（二）综合布线测试标准

综合布线工程的测试，可按照国内、外现行的一些标准及规范进行。最常用的标准是《通用型测试标准》，少部分用户还要求使用《应用型测试标准》或者《供应商自定义型标准》进行测试。

通用标准是直接跟电缆物理性质相关的标准，一般都高于应用标准。其中 TIA 568B、ISO 11801 和 GB 50312—2007 是使用最多的测试标准，基本涵盖了被检测链路总数的 99％以上。这些标准要求对电缆链路本身的物理参数进行测试，例如线序、长度、串扰、衰减、回波损耗 RL、衰减串扰比 ACR 等参数。

应用性标准则检验是否支持某种特定应用，比如需要检验某条 Cat 5e 电缆链路是否能支持 1000Base-TX。实际上，应用型标准都是基于通用型标准开发的，所以开发人员在设定此标准时就限定它不能超过 Cat 5e，甚至高规格的 Cat 5 链路（TSB-95）通用型标准。也就是说，使用 1000Base-T 检验合格的电缆链路，用 Cat 5e 的链路标准检测则可能通不过或者勉强通过（Pass＊）。

为统一综合布线系统工程施工质量检查、随工检验和竣工验收的技术要求，我国出台了国家标准《综合布线系统工程验收规范》（GB 50312—2007），自 2007 年 10 月 1 日开始实施。标准规定，在施工过程中，施工单位必须执行该标准中有关质量检查的规定。

（三）综合布线测试模型

3 类和 5 类布线系统按照基本链路和信道进行测试，5e 类和 6 类布线系统按照永久链路和信道进行测试。

（1）基本链路连接模型。应符合如图 6-3 所示方式。

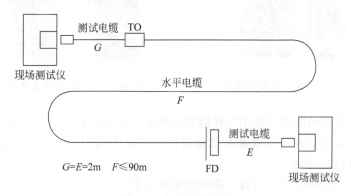

图 6-3　基本链路方式

（2）永久链路连接模型。适用于测试固定链路（水平电缆及相关连接器件）性能。链路连接应符合如图 6-4 所示方式。

（3）通道连接模型。在永久链路连接模型的基础上，包括了工作区和电信间的设备电缆和跳线在内的整体信道性能。信道连接应符合如图 6-5 所示方式。

通道包括：最长 90m 的水平缆线、信息插座模块、可选的 CP 接点、电信间的配线设备、跳线、设备线缆在内，总长不得大于 100m。

（4）各种模型之间的差别。图 6-6 显示了三种测试模型之间的差异性，主要体现在测试起点和终点的不同、包含的固定连接点不同和是否可用终端跳线等。

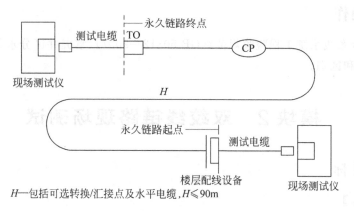

H—包括可选转换/汇接点及水平电缆，$H{\leqslant}90\mathrm{m}$

图 6-4　永久链路方式

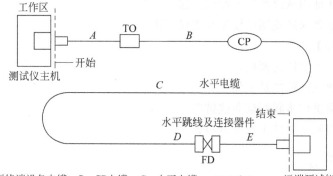

A：工作区终端设备电缆；B：CP电缆；C：水平电缆；$B+C{\leqslant}90\mathrm{m}$
D：配线设备连接跳线；E：配线设备到设备连接电缆；$A+D+E{\leqslant}10\mathrm{m}$

图 6-5　通道方式

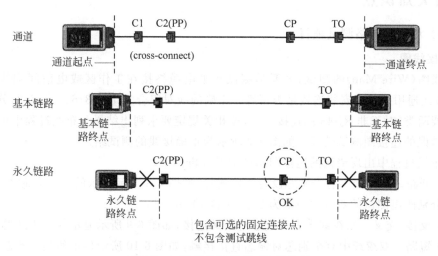

图 6-6　三种链路连接模型差异比较

四、实践操作

查阅《综合布线系统工程验收规范》(GB 50312—2007),掌握并区分永久链路测试和通道测试的内容和区别。

模块 2 双绞线链路现场测试

一、教学目标

【知识目标】

1. 掌握双绞线链路测试的方法。
2. 掌握双绞线测试项目和技术指标含义。
3. 掌握认证测试仪的基本测试方法。
4. 能根据要求选定测试模型与测试标准。

【技能目标】

1. 会认证测试仪的调校。
2. 会做测试前的准备工作。
3. 会根据操作步骤测试布线链路。
4. 会使用测试软件生成测试报告。

二、工作任务

认证测试仪表选择;认证测试仪的调校;现场进行双绞线链路测试,保存结果,生成测试报告,打印输出;进行测试结果的分析。

三、相关知识点

(一)双绞线链路测试项目

1. 接线图

接线图(Wire Map)的测试,主要是测试水平电缆终接在工作区或电信间配线设备的8位模块式通用插座的安装连接是否正确。正确的线对组合为1/2、3/6、4/5、7/8,分为非屏蔽和屏蔽两类,对于非 RJ-45 的连接方式,按相关规定要求列出结果。布线过程中可能出现正确或错误的连接图测试情况。如图 6-7 所示为正确接线的测试结果。

对布线过程中出现错误的连接图测试情况分析如下。

(1) 开路。双绞线中有个别芯没有正确连接,如图 6-8 所示显示的是第 8 芯断开,且中断位置分别距离测试的双绞线两端为 22.3m 和 10.5m 处。

(2) 反接/交叉。双绞线中有个别芯对交叉连接,如图 6-9 所示显示的是 1、2 芯交叉。

(3) 短路。双绞线中有个别芯对铜芯直接接触,如图 6-10 所示显示的是 3、6 芯短路。

(4) 跨接/错对。双绞线中有个别芯对线序错接,如图 6-11 所示显示的是 1 和 3、2 和 6 两对芯线错对。

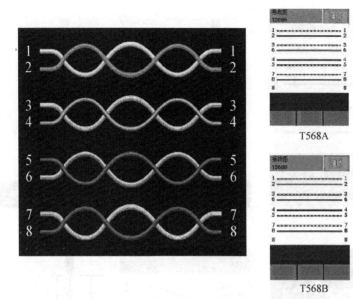

图 6-7　正确接线的测试结果

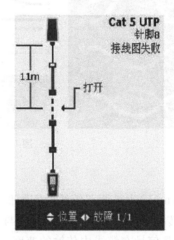

图 6-8　开路

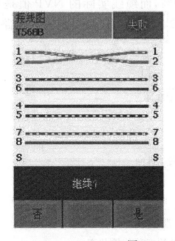
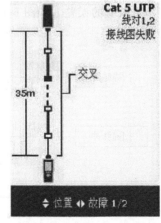

图 6-9　反接/交叉

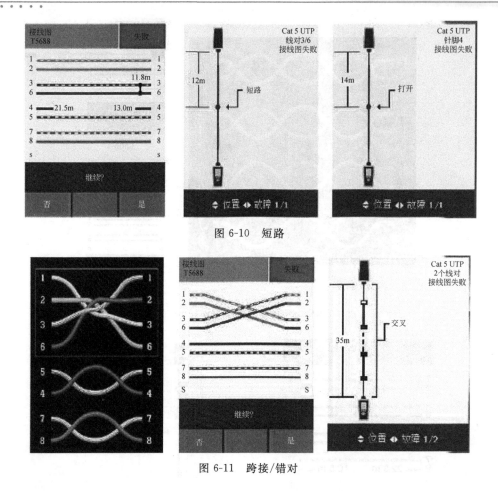

图 6-10　短路

图 6-11　跨接/错对

2. 长度

长度(Length)为被测双绞线的实际长度。长度测量的准确性主要受几个方面的影响：缆线的额定传输速度(NVP)、绞线长度与外皮护套的长度，以及沿长度方向的脉冲散射。NVP表示的是信号在缆线中传输的速度，以光速的百分比形式表示。NVP设置不正确，将导致长度测试结果错误，比如NVP设定为70%，而缆线实际的NVP值是65%，那么测量还没有开始就有了5%以上的误差。如图6-12所示说明了一个信号在链路短路、开路和正常状态下的三种传输状态。

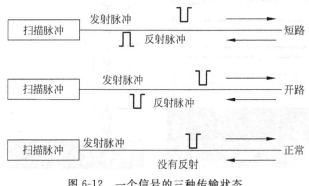

图 6-12　一个信号的三种传输状态

3. 衰减

衰减(Attenuation)或者插入损耗为链路中传输所造成的信号损耗[以分贝(dB)为单位]。图 6-13 描述了信号的衰减过程;图 6-14 显示了插入损耗测试结果。造成链路衰减的主要原因有:电缆材料的电气特性和结构、不恰当的端接和阻抗不匹配的反射,而线路过量的衰减会使电缆链路传输数据变得不可靠。

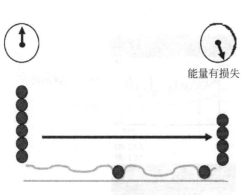

图 6-13 插入损耗产生过程

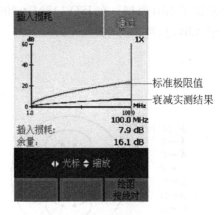

图 6-14 插入损耗的测试结果

4. 近端串扰

串扰是测量来自其他线对泄露过来的信号。图 6-15 显示了串扰的产生过程。串扰又可分为近端串扰(NEXT)和远端串扰(FEXT)。NEXT 是在信号发送端(近端)进行测量。图 6-16 显示了 NEXT 的产生过程。NEXT 只考虑了近端的干扰,忽略了对远端的干扰。

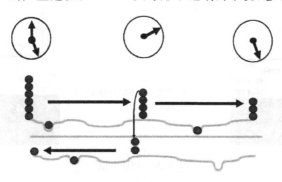

图 6-15 串扰的产生过程

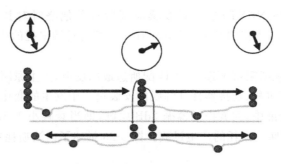

图 6-16 NEXT 的产生过程

195

NEXT 的影响类似于噪声干扰,当干扰信号足够大的时候,将直接破坏原信号或者接收端将原信号错误地识别为其他信号,从而导致站点间歇的锁死或者网络连接失败。

NEXT 又与噪声不同,NEXT 是缆线系统内部产生的噪声,而噪声是由外部噪声源产生的。图 6-17 描述了双绞线各线对之间的相互干扰关系。

NEXT 是频率的复杂函数,图 6-18 描述了 NEXT 的测试结果。图 6-19 显示的测试结果验证了 4dB 原则。在 ISO 11801:2002 标准中,NEXT 的测试遵循 4dB 原则,即当衰减小于 4dB 时,可以忽略 NEXT。

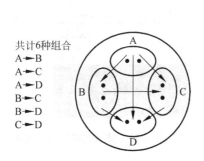

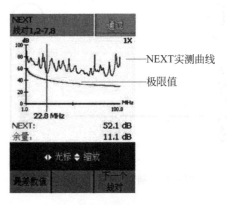

图 6-17　线对间的近端串扰测量　　　　　　图 6-18　NEXT 测试结果

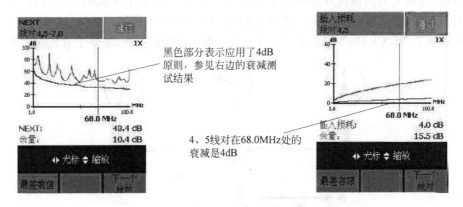

图 6-19　4dB 原则

5. 综合近端串扰

综合近端串扰(PS NEXT)是一对线感应到所有其他绕对对其的近端串扰的总和。图 6-20 描述了综合近端串扰的产生,图 6-21 显示了综合近端串扰的测试结果。

6. 回波损耗

回波损耗是由于缆线阻抗不连续/不匹配所造成的反射,产生原因是特性阻抗之间的偏离,体现在缆线的生产过程、连接器件和缆线的安装过程中发生的变化。

在 TIA 和 ISO 标准中,回波损耗遵循 3dB 原则,即当衰减小于 3dB 时,可以忽略回波损耗。图 6-22 描述了回波损耗的产生过程。图 6-23 描述了回波损耗的影响。

7. 传输时延

传输时延(Propagation Delay)为被测双绞线的信号在发送端发出后到达接收端所需要

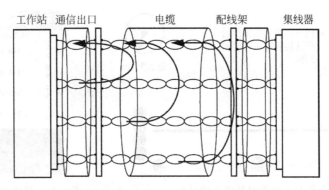

图 6-20 综合近端串扰产生过程

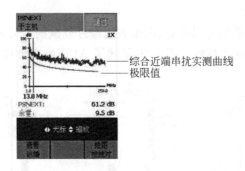

图 6-21 综合近端串扰测试结果

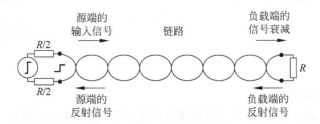

图 6-22 回波损耗产生过程

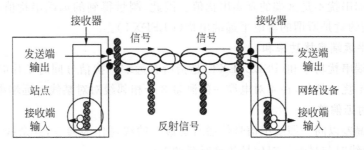

图 6-23 回波损耗的影响

的时间,最大值为 555ns;图 6-24 描述了传输时延的产生的过程,图 6-25 描述了传输时延的测试结果,从中可以看到不同线对的信号是先后到达对端的。

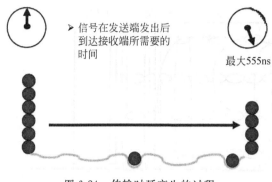

图 6-24 传输时延产生的过程

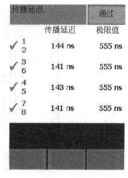

图 6-25 传输时延的测试结果

8. 衰减串扰比（ACR）

衰减串扰比（ACR）类似信号噪声比，用来表征经过衰减的信号和噪声的比值，ACR 值＝NEXT 值－衰减值，数值越大越好。图 6-26 描述了 ACR 的产生过程。

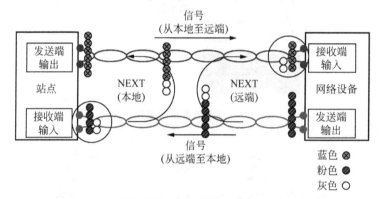

图 6-26 ACR 的产生过程

9. 等电平远端串扰

一个线对从近端发送信号，其他线对接收串扰信号，在链路远端测量得到经线路衰减了的串扰值，称为远端串扰（FEXT）。由于线路的衰减，会使远端点接收的串扰信号过小，以致所测量的远端串扰不是远端的真实串扰值。因此，测量得到的远端串扰值在减去线路的衰减值后，得到的就是所谓的等电平远端串扰（ELFEXT）。

10. 等电平远端串扰功率和

等电平远端串扰功率和（PSELFEXT）是指所有远端干扰信号同时工作时，在接收线对上形成的组合串扰。例如，在 4 对电缆一侧测量 3 个相邻线对对某线对远端串扰的总和。

11. 传输时延偏差

传输时延偏差以同一缆线中信号传播时延最小的线对作为参考，其余线对与参考线对时延差值（最快线对与最慢线对信号传输时延的差值）。

（二）测试仪器的选择和使用

在综合布线工程中，用于测试双绞线链路的设备通常有通断测试与分析测试两类。前者主要用于链路的简单通断性判定，后者用于链路性能参数的确定，下面主要介绍使用较为广泛的 FLUKE-DTX 系列产品的性能和测试模型。

1. 测试软件

LinkWare 软件可完成测试结果的管理，其界面如图 6-27 所示。图 6-28 显示了各种格式的测试报告，如图形和纯文本等。LinkWare 具有强大的统计功能，可以显示对单个信息点进行单项参数数据统计的结果，如图 6-29 所示。

图 6-27 LinkWare 软件的测试界面

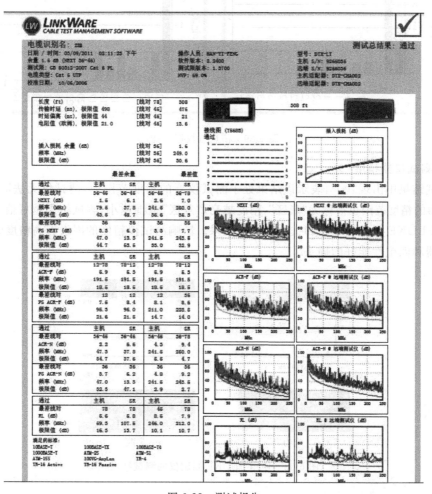

图 6-28 测试报告

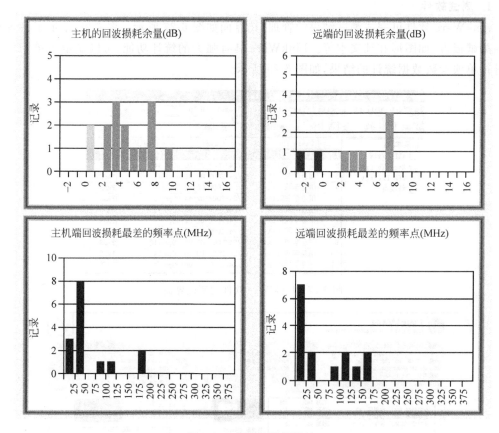

图 6-29　信息点数据统计

2. 测试仪器精度

测试结果中出现"*",表示该结果处于测试仪器的精度范围内,测试仪无法准确判断。测试仪器的精度范围也被称为"灰区",精度越高,"灰区"范围越小,测试结果越可信。图 6-30 显示了 FLUKE 测试仪成功和失败的灰区结果。影响测试仪精度的因素有高精度的永久链路适配器和匹配性能好的插头。

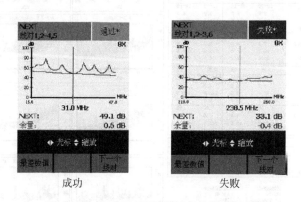

图 6-30　使用 FLUKE 测试仪的测试结果

四、实践操作

根据项目分析的内容,确定项目实施内容。

1. 确定测试标准

目前国内普遍使用的光纤测试和验收标准为《综合布线系统工程验收规范》(GB 50312—2007),本测试依据此标准。

2. 确定测试链路标准

为了保证缆线的测试精度,采用永久链路测试,如图 6-31 所示。

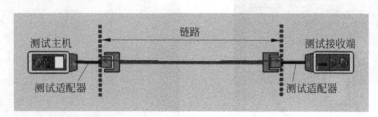

图 6-31　测试仪测试链路连接方法

3. 确定测试设备

项目全部使用 6 类线进行敷设,所以测试时必选用 FLUKE-DTX 的 6 类双绞线模块进行,测试仪器和适配器如图 6-32 和图 6-33 所示。

图 6-32　线缆测试仪图

图 6-33　测试仪适配器

4. 测试信息点

(1) 将 FLUKE-DTX 设备的主机和远端机都接好 6 类双绞线永久链路测试模块。

(2) 将 FLUKE-DTX 设备的主机放置在配线间(中央控制室)的配线架前,远端机接入到各楼层的信息点进行测试。

(3) 设置 FLUKE-DTX 主机的测试标准,将旋钮旋至 SETUP,选择测试标准为 TIA CAT6 Perm. link,如图 6-34 所示。

(4) 接入测试缆线接口。如图 6-35 和图 6-36 所示分别显示了测试中主机端和远端之间的端接状态。

图 6-34　选择测试标准

（5）缆线测试。将旋钮调至 AUTO TEST，按下 TEST 按钮，设备将自动开始测试缆线。

（6）保存测试结果。直接按 SAVE 按钮即可对结果进行保存。

图 6-35　主机端的端接状态

图 6-36　远端的端接状态

5. 分析测试数据

通过专用线将结果导入到计算机中，通过 LinkWare 软件即可查看相关结果。

（1）所有信息点测试结果如图 6-37 所示。

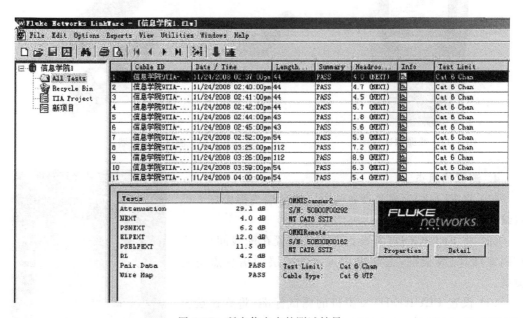

图 6-37　所有信息点的测试结果

（2）通过预览方式查看各个信息点测试结果，如图 6-38 所示。

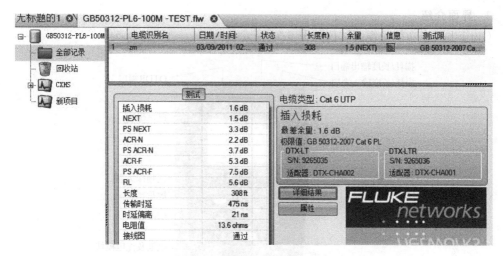

图 6-38　用预览方式查看测试结果

模块 3　光纤链路测试

一、教学目标

【知识目标】

1. 掌握光纤链路测试的方法。
2. 掌握光纤测试项目和技术指标含义。
3. 掌握认证测试仪的基本测试方法。

【技能目标】

1. 能进行认证测试仪与光纤测试模块的连接。
2. 会根据操作步骤测试光纤链路。
3. 会使用测试软件生成测试报告。
4. 能对测试数据进行初步分析。

二、工作任务

光纤测试模块的连接;认证测试仪的调校;现场进行光纤链路测试,保存结果;进行测试结果的分析。

三、相关知识点

(一)光纤测试设备

综合布线工程中,用于光缆的测试设备也有多种,其中,FLUKE 系列测试仪上就可以通过增加光纤模块实现。这里主要介绍 OptiFiber 多功能光缆测试仪。

1. 功能

可以实现专业测试光纤链路的 OTDR 状态。

2. 界面介绍

OptiFiber 多功能光缆测试仪如图 6-39 所示。

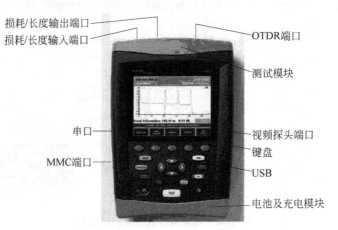

图 6-39　多功能光缆测试仪界面

3. FiberInspector 光缆端截面检查器

FiberInspector 光缆端截面检查器(见图 6-40)可直接检查配线架或设备光口的端截面,比传统的放大镜快 10 倍,同时也可避免眼睛直视激光所造成的眼睛伤害。

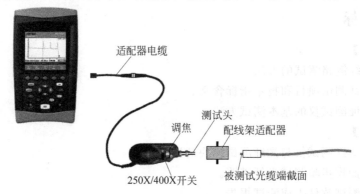

图 6-40　光缆端截面检查器

(二)光纤测试标准

1. 通用标准

一般为基于光缆长度、适配器以及接合的可变标准。

2. LAN 应用标准

(略)

3. 特定应用标准

每种应用的测试标准是固定的,例如 10Base-FL、Token Ring、ATM。

(1) TIA/EIA 568-B.3 标准。该标准主要定义了光缆、连接器和链路长度的标准。

① 光缆每千米最大衰减(850nm)3.75dB。

② 光缆每千米最大衰减(1300nm)1.5dB。

③ 光缆每千米最大衰减(1310nm、1550nm)1.0dB。

连接器(双工 SC 或 ST)中,适配器最大衰减为 0.75dB,熔接最大衰减为 0.3dB。

链路长度(主干)标准如表 6-1 所示。

表 6-1　链路长度标准

分 段	HC-IC	IC-MC
62.5/125 多模	300m	1700m
50/125 多模	300m	1700m
8/125 单模	300m	2700m

(2) TIA TSB140 标准。于 2004 年 2 月被批准,主要对光缆定义了两个级别的测试。

① 级别 1：测试长度与衰减,使用光损耗测试仪或 VFL 验证极性。

② 级别 2：级别 1 加上 OTDR 曲线,证明光缆的安装没有造成性能下降的问题。

(三) 测试技术参数

1. 衰减

(1) 衰减是指光沿光纤传输过程中光功率的减少。

(2) 光纤损耗(LOSS)是指光纤输出端的功率(Power Out)与发射到光纤时的功率(Power In)之间的比值。

(3) 损耗与光纤的长度成正比。

(4) 光纤损耗因子(α)用来反映光纤衰减的特性。

2. 回波损耗

回波损耗又称为反射损耗,它是指在光纤连接处,后向反射光相对输入光的比率的分贝数。改进回波损耗的有效方法是,尽量将光纤端面加工成球面或斜球面。

3. 插入损耗

插入损耗是指光纤中的光信号通过活动连接器之后,其输出光功率相对输入光功率的比率的分贝数,插入损耗越小越好。插入损耗的测试结果如图 6-41 所示。

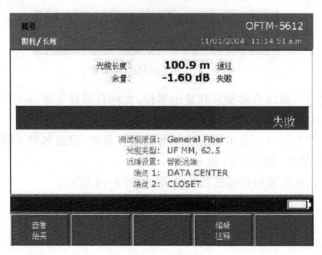

图 6-41　光缆测试结果

4. OTDR 参数

OTDR 测量的是反射的能量而不是传输信号的强弱,如图 6-42 所示。

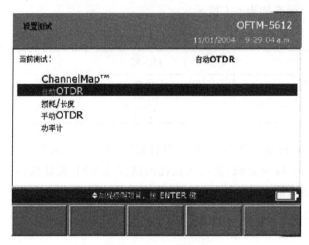

图 6-42　OTDR 测量

(1) 图形显示连路(ChannelMap)。图形显示链路中所有连接和各连接之间的光缆长度,如图 6-43 所示。

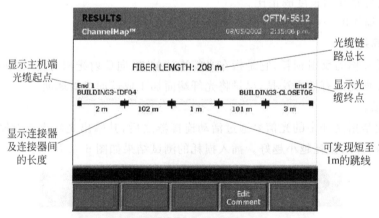

图 6-43　ChannelMap 的结果

(2) OTDR 曲线。曲线自动测量和显示事件,光标自动处于第一个事件处,可移动到下一个事件,如图 6-44 所示。

(3) OTDR 事件表。可以显示所有事件的位置和状态,以及各种不同的事件特征,例如末端、反射、损耗、幻象等,如图 6-45 所示。

(4) 光功率。验证光源和光缆链路的性能,如图 6-46 所示。

四、实践操作

1. 确定测试标准

目前国内普遍使用的光纤测试和验收标准为《综合布线工程验收规范》(GB 50312—2007),本测试依据此标准。

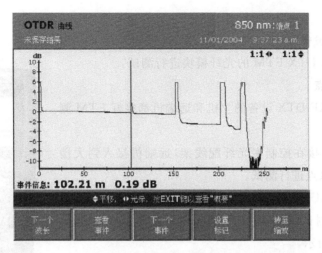

图 6-44　OTDR 曲线图

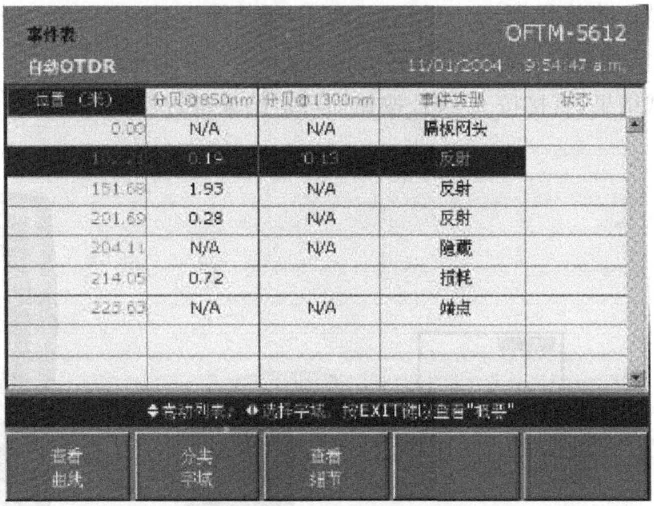

图 6-45　OTDR 事件表

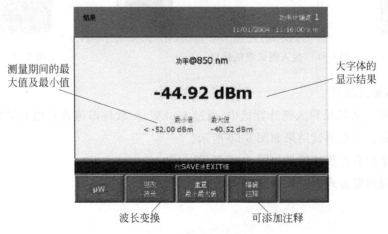

图 6-46　光功率测试结果

2. 确定测试设备

选择 FLUKE-DTX-FTM 的光纤模块进行测试。

3. 测试信息点

（1）将 FLUKE-DTX 设备的主机和远端机都接好 FTM 测试模块。

（2）设备主机接在控制室光纤配线架，远端机接入到大楼光纤配线架的信息点进行测试。

（3）设置 FLUKE-DTX 主机的测试标准，将旋钮调至 SETUP，先选择测试缆线类型为 Fiber，再选择测试标准为 Tier2，如图 6-47 所示。

（4）接入测试缆线接口，如图 6-48 所示。

（5）缆线测试。将旋钮调至 AUTO TEST，再按下 TEST 按钮，设备将自动测试缆线，如图 6-49 所示。

图 6-47 选择测试标准

（6）保存测试结果，直接按 SAVE 按钮即可对结果进行保存。

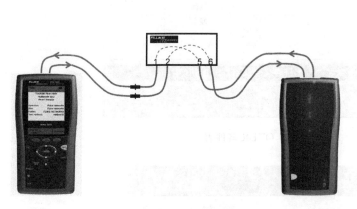

图 6-48 接入测试缆线接口

图 6-49 缆线测试

4. 分析测试数据

通过专用线将结果导入到计算机中，通过 LinkWare 软件即可查看相关结果。

（1）所有信息点测试结果如图 6-50 所示。

（2）单个信息点测试结果如图 6-51 所示。

（3）通过预览方式查看测试结果，如图 6-52 所示。

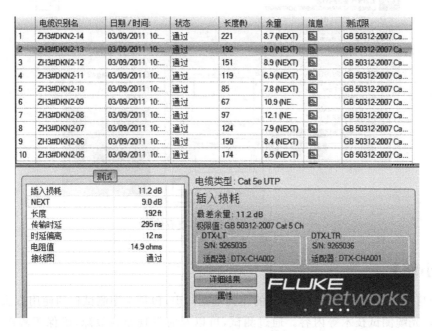

图 6-50   查看所有信息点结果

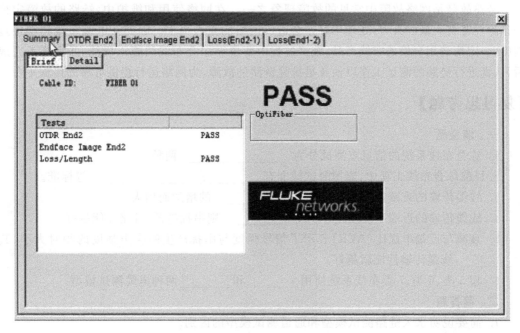

图 6-51   查看单个信息点结果

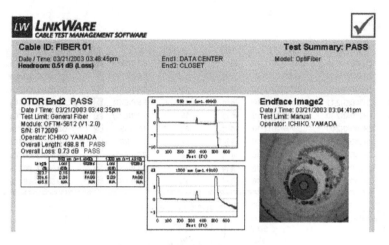

图 6-52　以预览方式查看结果

【项目小结】

　　本项目阐述了综合布线系统测试的相关基础知识,包括常用测试仪的使用方法、双绞线测试技术、光缆测试技术等内容。通过测试,可以及时发现布线故障,确保工程施工质量。测试完成后,应使用电缆管理软件导入被测试数据,生成测试报告。通过对测试报告的分析,可以判定整个工程的施工质量。

　　链路故障是网络故障中常见的故障现象之一。在网络使用和维护中,链路的故障定位和排除要花费大量的人力,处理不好还会造成网络的重大损失。因此在电缆布线和端接过程中,一定要选用合格的布线产品,施工过程中要遵循综合布线的施工规范,并在施工完成后,认真进行链路的测试工作以便及早排除链路的故障,为网络运行提供可靠的传输平台。

【复习思考题】

一、填空题

1. 综合布线系统的信息点测试分为_____、_____两种。

2. 目前综合布线工程中,通用测试标准有_____、_____、_____等标准。

3. 线缆传输的衰减量会随着_____和_____的增加而增大。

4. 线缆传输的近端串扰损耗(NEXT)_____,则串扰越低,链路性能越好。

5. 衰减与近端串扰比(ACR)表示了信号强度与串扰产生的噪声强度的相对大小,其值_____,线缆传输性能就越好。

6. 超 5 类、6 类、7 类布线系统使用_____和_____两种电缆测试模型。

二、简答题

1. 简要说明永久链路测试模型和通道测试模型的区别。

2. 简述使用 Fluke DTX 电缆测试仪测试一条 6 类链路的过程。

3. 光纤传输系统的测试主要包含哪些内容?应该使用什么仪器进行测试?

4. 简要说明工程测试报告应包含的内容,应使用什么方法生成测试报告?

项目 7 综合布线工程管理

　　综合布线作为楼宇智能化系统的一个子系统,已经成为目前的现代化智能大楼不可缺少的一部分。本项目把综合布线作为一个独立的单项工程,从工程管理方面入手,向读者介绍综合布线工程在施工过程中应如何进行科学有效的管理。

　　楼宇智能化系统包含有几个至十几个子系统,结构复杂,各系统纵向横向交叉关联,从智能化系统构成来看,综合布线是一个基础的子系统,因此从智能化整体系统施工来说,需要第一步就实施。因此学习综合布线工程招投标和项目管理,作为学习智能化工程市场化运作的一个开端。在了解、掌握综合布线工程管理的方式、方法基础上,对于学习其他智能化子系统的施工能够起到触类旁通的作用,便于今后读者走上智能化施工企业技术人员岗位时能够顺利地掌握整个智能化工程的投标和施工项目管理。

一、教学目标

【知识目标】

1. 了解综合布线工程招标模式。
2. 掌握综合布线工程招投标文件的组成。
3. 了解综合布线工程施工现场管理机构。
4. 了解综合布线工程现场管理内容。

【技能目标】

1. 能描述综合布线工程招投标流程。
2. 能描述综合布线工程招投标文件内容。
3. 能编制简单的综合布线工程施工流程。
4. 能看懂图纸,并根据图纸安排工作任务。

二、工作任务

　　调研并了解身边的综合布线(建筑智能化)工程的招投标流程,并关注工程现场施工组织管理过程。

模块 1　综合布线工程招投标

一、教学目标

【知识目标】

1. 了解综合布线工程的招标模式。

2. 了解招投标的形式。

3. 了解招标文件的组成。

4. 了解投标文件的组成。

【技能目标】

1. 能描述建设工程的几种招标模式。

2. 能描述建设工程招投标的大致流程。

3. 能描述招标过程中的各参与方。

4. 能根据招标文件要求分解投标文件的编制任务。

二、工作任务

1. 调研自己身边的工程项目招投标的组织过程。

2. 初步认识投标文件中商务、技术、资信标的组成内容。

3. 尝试编制一个投标项目的技术方案。

三、相关知识点

建设工程(本书中主要指综合布线工程)从项目的开始到最后的交付使用,从时间流程上一般分为:工程设计阶段—工程招投标阶段—工程施工阶段—竣工验收阶段,以下内容均按照这个时间先后顺序流程进行介绍。

(一) 综合布线工程招投标方式

建设工程(包括智能化和综合布线工程)实施招投标方式,有利于建设单位选择优秀的施工企业,通过引入竞争机制,有利于降低工程造价,有利于提高工程质量及保证按工期交付使用。同时,建设项目开展招投标活动,可以深化我国当前建设体制的改革,规范建筑市场行为,完善工程建设管理体制,防止腐败行为的发生。

从招标方式来看,可分为公开招标、邀请招标和议标。

1. 公开招标

公开招标是指招标人以招标公告的方式邀请不特定的法人或者其他组织投标。公开招标又叫竞争性招标,即由招标人在报刊、电子网络或其他媒体上刊登招标公告,吸引众多企业单位参加投标竞争,招标人从中择优选择中标单位的招标方式。目前,由国资投资的建设项目必须进行公开招投标。

对投标单位的资格审查分为资格预审和资格后审。

资格预审是在发出招标公告后,各潜在的投标人向招标人进行报名,递交所需相关的资料,招标人在规定的截止时间后,对各潜在的投标人递交的报名资料进行资格审查,只有符合要求的潜在投标人方能获得投标资格,并参与后续的招投标工作。

资格后审是指在招标人发出公告后,所有自认为符合投标要求的潜在投标人均可参与项目投标。各投标人在规定的截止时间之前递交投标文件,招标人开标后对各投标人递交的资信文件(包括企业资质、业绩、信誉等)进行资格审查,经过审查,只有符合招标公告条件的投标人被认为是合格的投标人,其投标文件才能进入下一轮的评审。

资格预审和后审两种方式并存,由招标人视具体项目特色、项目情况来决定采取哪一种招标方式。

2. 邀请招标

邀请招标是指招标人以邀请的方式邀请特定的施工企业、供货商或组织机构参与投标。邀请招标也称为有限竞争招标,是一种由招标人选择若干供应商或承包商,向其发出投标邀请,由被邀请的供应商、承包商投标竞争,从中选定中标者的招标方式。邀请招标的特点是:①邀请投标不使用公开的公告形式;②接受邀请的单位才是合格投标人;③投标人的数量有限。

3. 议标

议标也称为非竞争性谈判或定向招标,由业主直接邀请多家认为符合条件和要求的知名单位直接参与投标,可进行多轮协商和竞标,实际上也是一种合同谈判形式。

4. 招投标活动中的其他参与单位

在建设工程招投标过程中除了招标人(建设单位或业主方,也称甲方)、投标人(施工企业、供货商,也称乙方)之外,还可能有其他的单位、机构参与招投标的过程。

招标代理:招标人有权自行选择招标代理机构,委托其办理招标事宜。招标代理机构是依法设立从事招标代理业务并提供服务的社会中介组织。为招标人制订招标文件、招标要求、工程量清单、投资预算(也可委托专业咨询机构编制)、评标办法、标准合同条款等,并组织专家组进行开标评标,最后公布评标结果。

评标专家:在招标代理组织开标过程中,必须由若干名第三方的专家组成评标委员会,对各投标人的投标文件进行评审,签署评标意见,推荐拟中标单位,递交招标代理和业主方。

建设工程交易中心:各市、县均设有建设主管部门主管的工程交易中心。公共建设项目必须进入该中心进行交易,开展招投标工作,使建设工程的招投标过程得到有效地监控和管理。交易中心作为监管机构,原则上不参与具体的每个建设工程的招投标工作,在国家相关法律、法规框架下制定本区域内的招投标工作的管理规范和细则,接受和处理参与招投标工作的各方单位的咨询、投诉,并对进入该区域的施工企业进行市场管理。

政府采购中心:政府采购,是指各级国家机关、事业单位和团体组织,使用财政性资金采购依法制定的集中采购目录以内的或者采购限额标准以上的货物、工程和服务的行为。政府采购不仅是指具体的采购过程,而且是采购政策、采购程序、采购过程及采购管理的总称,是一种对公共采购管理的制度,是一种政府行为。与建设工程交易中心不同的是,政府采购中心招标的内容一般偏向纯设备为主(供货周期短,所需安装调试人工较少),而工程交易是指建设工程(周期长,金额大,需要投入大量劳动力)。对于综合布线工程一般都是归类于建设工程交易。

5. 招投标的形式

除了上述传统的招投标形式,目前还兴起了电子招投标。

传统形式的招投标均是采用书面形式作为内容载体,电子版的内容仅作为参考,一切以招投标文件正本书面内容为准。而电子招投标是通过计算机、网络等信息技术,对招投标业务进行重新梳理,优化重组工作流程,在网络上执行在线招标、投标、开标、评标和监督监察等一系列业务操作,最终实现高效、专业、规范、安全、低成本的招投标管理。以网络为媒介,利用信息技术进行招投标业务的协同作业,是电子招投标与传统招投标业务的本质区别。网络的实时性和同步性打破了传统意义上的地域差别和空间限制,只要所处之地能够上网,用户可以随时向千里之外的客户进行交易并能得到实时的响应。基于这一点,电子招投标帮助招投标参与各方节约了大量的时间和经济成本；信息得以及时沟通，自然也就加快了招投标活动的整体进程。

建设工程交易由于标的物内容复杂程度高于设备采购，从目前来看只有少数省份少数地市有采用电子招投标作为试点。而政府采购由于标的物相对单一，评标和流程管理上比较简单，因此有较多的地区采用的是电子招投标方式。

（二）综合布线工程招标文件

综合布线工程招标分为设计招标和施工招标。综合布线工程的设计招标一般包含在土建整体建设工程设计中，不做单独的设计招标，故本书中描述的招标项目均是指施工招标。

招标文件是由建设单位编写的用于招标的文档，编制施工招标文件必须做到系统、完整、准确、明了，一般由业主或者委托专业的招标代理机构来编制。

1. 招标文件的编制原则

按照国家《工程建设施工招标投标管理办法》有关规定，建设单位（业主）施工招标应具备下列条件。

（1）是依法成立的法人单位。

（2）有与招标工程相适应的经济能力。

（3）有组织编制招标文件的能力。

（4）有审查投标单位资质的能力。

（5）有组织开标、评标、定标的能力。

另外，招标文件要遵循如下原则。

（1）招标文件必须符合国家的合同法、经济法、招标投标法等有关法规。

（2）招标文件应准确、详细地反映项目的客观真实情况，减少签约和履约过程中的争议。

（3）招标文件涉及招标者须知、合同条件、规范、工程量表等多项内容，力求统一和规范用语。

（4）坚持公正原则，不受部门、行业、地区限制，招标单位不得有亲有疏，特别是对于外部门、外地区的招标单位，应提供方便，不得借故阻碍。

2. 招标文件的内容

招标文件主要包括招标邀请书、投标者须知、合同条件、规范、图纸、工程量、招标书和投标书保证格式、补充资料表、合同协议书及各类保证等。其中，投标邀请书一般应包括建设单位招标项目性质，工程简况，发售招标文件的时间、地点、售价等内容。招标者须知一般应包括资格要求、招标文件要求、投标报价、投标有效期、投标保证等内容。

招标文件一般至少包括以下内容。

（1）招标须知。

（2）投标须知。投标须知是制定具体的投标规则，包括：供应商的资格、货物的原产地要求、投标文件的内容、投标语言、评标标准和方法、标书格式和投标保证金要求、招标程序及有效期、截标日期、开标时间和地点等。

（3）特殊合同条款。特殊合同条款是因具体采购项目的性质和特点而制定的补充性规定，是对一般条款中某些条款的具体化，并增加了一般合同中没作规定的特殊要求。特殊合同条款包括交货条件，履约保证金的具体数额及交纳方式，验收和检测的具体程序，解决争端的具体规定等。

在合同的制定中,如果一般条款与特殊条款出现不一致的内容,要以特殊条款为准。

(4) 技术规格。技术规格是招标文件和合同文件的重要组成部分,它规定了所购货物、设备的性能和标准。技术规格也是评标的关键依据之一,如果技术规格制定得不明确或不全面,不仅会影响采购质量,也会增加评标难度。货物采购技术规格应采用国内或国际公认的标准,除不能准确或清楚地说明拟招标项目的特点外,各项技术规格均不得要求或标明某一特定的商标、名称、专利、设计、原产地或生产厂家,不得有针对某一潜在供应商或排斥某一潜在供应商的内容。

工程项目的技术规格较为复杂,包括:工程竣工后要求达到的标准,施工程序,施工中的各种计量方法、程序和标准,现场清理程序及标准等。

(5) 投标书的编制要求。投标书是投标供应商对其投标内容的书面声明,包括投标文件构成、投标保证金、总投标价和投标书有效期等内容。

(6) 供货一览表、报价表和工程量清单。

(7) 履约保证金。履约保证金是为了保证采购单位的利益,避免因供应商违约给采购单位带来损失。一般来说,货物采购的履约保证金为合同的 5％～10％；工程保证金如果是提供担保书,其金额为合同价的 30％～50％；如果是提供银行保函,其金额为合同价的 10％。

(8) 供应商应当提供的有关资格和资信证明文件。

招标通告采购单位在正式招标以前,应在政府主管部门指定的媒体上刊登通告。从刊登通告到参加投标要留有充足的时间,让投标供应商有足够的时间准备投标文件。

(三) 综合布线工程投标文件

投标单位在获得投标资格后,内部组织技术、商务、市场人员形成一个投标小组,针对招标文件规定的内容进行投标文件的编制。

投标文件一般由商务标、技术标两部分组成,或者有一个单独的资信标。

商务标包括以下内容。

(1) 投标函。

(2) 投标一览表。

(3) 子系统分项报价表。

(4) 商务和技术偏差表。

(5) 投标保证金。

(6) 有关资格证明文件。

技术标包括以下内容。

(1) 对本工程的理解,以及系统技术结构方案的描述。

(2) 施工组织设计。

(3) 施工进度计划及保障措施方案。

(4) 质量目标及质量保证措施方案。

(5) 安全文明施工目标,保证安全生产、文明施工及降低环境污染、噪声污染、扰民的措施方案。

(6) 工程关键部位及施工重难点的解决办法。

(7) 对本工程施工方法和技术、检测检验、验收方法。

(8) 售后服务及保修措施。

(9) 备品、备件措施。

(10) 针对本项目的合理化建议。

(11) 投标人认为必要的其他资料。

资信标包括以下内容。

(1) 投标人营业执照副本(复印件)。

(2) 企业基本情况一览表。

(3) 项目组织管理机构一览表。

(4) 项目主要管理人员简历表(必须含项目经理、技术负责人和其他主要人员)及其有效职称证书和资质证书(或注册资格证书)复印件。

(5) 已完类似工程汇总表。

(6) 在建工程一览表。

(7) 已完工项目获奖情况。

(8) 投标人认为必要的其他资料。

综合布线与传统的布线方式相比,它是一种既具有良好的初期投资特性,又具有很高的性能价格比的高科技产品。综合布线系统可以兼容各种应用系统,又考虑了建筑内设备的变更及科学技术的发展,因此可以确保大厦建成后的较长一段时间内满足用户不断增长的需求,节省了重新布线的额外投资。

四、实践操作

调研自己身边的教学楼或办公楼的智能化系统工程的招投标工作过程情况。

(1) 对综合布线技术知识点的回顾

了解该楼宇的智能化弱电系统工程由哪些子系统组成,综合布线系统是如何设计的,采用哪种拓扑结构,采用什么等级的布线系统(超 5 类还是 6 类),主干采用什么,总配线架设在何处,分了几个楼层配线间。

仔细考察总配线间或楼层配线间,运用自己现有的、经过综合布线实训后的经验和技能来评判工程的综合布线施工质量。

(2) 加深对招投标过程的认识

了解该楼宇的综合布线系统(或智能化弱电系统工程)是如何组织招标的,都有哪些环节,有哪些部门和单位参与。思考一下,如何能够在投标过程中突出自身的优势,以利于中标。

(3) 学会和提高投标文件编制的水平

借阅该楼宇综合布线系统(或智能化弱电系统工程)中标单位的投标文件,再次学习和巩固投标文件的组成和编制方法,总结该投标文件中的特点和亮点。

模块 2　综合布线工程项目现场管理

一、教学目标

【知识目标】

1. 了解施工现场的各个参与单位。
2. 了解项目的现场管理组织机构。
3. 了解项目的施工组织构成。
4. 了解综合布线的施工方法。
5. 了解项目的验收和竣工文件的组成。

【技能目标】

1. 能描述本项目的基本情况。
2. 能描述本项目综合布线系统的施工内容。
3. 结合实训课程掌握综合布线工程的施工方法。
4. 能看懂综合布线设计平面图和系统图,并根据图纸安排工作任务。
5. 能够收集和编制竣工验收所需的各类资料和文档。

二、工作任务

1. 调研一个建设工程(综合布线工程)的完整施工过程。
2. 熟悉施工过程中参与的各方,并能描述各单位之间的关系。
3. 能够初步地编制施工组织计划。
4. 能够看懂竣工验收报告。

三、相关知识点

(一)综合布线工程现场管理所需具备的知识

1. 摸清项目现场的基本情况

综合布线工程必然是依附于某个大楼的建设(或二次装修)项目,我们所说的工程管理,也是指某个大楼的建设过程中智能化系统的工程管理。工程管理的主要场所是在项目的工地现场。

项目开工后,施工单位进场,作为施工单位的技术或管理人员,要对本项目的情况进行了解。

(1)项目概况。大楼所处的位置,由多少建筑物组成,各是什么用途和功能,总面积是多少,总层高是多少,综合布线的主机房设在何处等。工程的总工期是多长时间,质量目标是什么。

(2)建设单位。建设单位一般也叫业主,是指项目的投资方,也是项目竣工后的使用方,通俗地讲也叫甲方。业主是我们施工单位的服务对象,我们承接项目为业主进行施工,业主为我们提供施工所需经费和劳动报酬。近年来有些项目的投资方并不直接出面常驻工地现场进行管理,而是通过专业的第三方代建方式进行项目管理,这种方式下,代建方也可称为业主。

(3)监理单位。对于一般的业主方,并不具备很专业的土建、安装、智能化等分部工程的知识,同时也为了规范建筑工程的施工秩序和质量,引入监理机制。业主请专业的监理单位和监理人员,对整个项目的施工过程进行全程监理。这个监理内容不但有工程量监理、施工质量监理、设备材料监理,还包括安全生产监理、文明施工监理等。综合布线施工的过程中也必须接受监理方的监督。

(4)其他施工单位。一个完整的大楼项目基建工作,是由许多工种共同配合完成的。主要有土建主体工程施工单位、水电安装施工单位(大楼的给排水、空调、电梯、电力设备等)、装修装饰施工单位、建筑幕墙施工单位、智能化施工单位、绿化施工单位等。综合布线工程是智能化工程中的一个子系统,将与多家单位一起在同一个现场施工,需要认识这些单位的技术负责人或管理人员,在施工过程中要随时进行进度、工作面、半成品保护等方面的协调与配合。

(5)总包单位。总包单位是指土木建筑主体工程承包单位。一个建筑工程项目最大的投资在于土建工程。总包单位同时也是作为各施工单位的总管理方。综合布线工程(或智能化工程)作为总包工程下面的一个分包工程,需要纳入和服从土建总包工程的施工进度、质量、安全管理。需要与总包单位做好配合工作,方能使综合布线工程能够得以顺利地实施。

2. 综合布线的知识

作为综合布线工程施工现场的技术或管理人员,需要对综合布线系统的专业技术知识进行了解和熟悉。前面章节中已经学习了相关的知识内容,大家应对综合布线的功能、系统组成有了一定的了解。

除学校教学的课程知识以外,还需熟悉相关国家规范。与综合布线工程有关的主要国家规范有:

《智能建筑设计标准》 GB/T 50314—2006

《智能建筑工程质量验收规范》 GB 50339—2003

《建筑电气工程施工质量验收规范》 GB 50303—2002

《民用建筑电气设计规范》 JGJ 16—2008

《综合布线系统工程设计规范》 GB 50311—2007

《综合布线系统工程验收规范》 GB 50312—2007

与综合布线工程最直接和相关的是 GB 50311—2007 和 GB 50312—2007,工作时技术人员应该人手一本,相关条文必须熟悉,在与设计单位、监理交流时需要随时都能够将这些标准作为引证依据。其他规范目前阶段可做一般性阅读,大致了解基本内容即可。

3. 设计文件的详细阅读

任何一个规范化的工程项目,都会有正规设计单位出具的设计文件,包括设计方案、施工图纸等,现场的施工人员,必须要做的就是"按图施工"。按图施工首先要学会看图和读图,做到图面内容与施工现场实际能够充分地结合,并了解设计者的设计意图,如信息点位的分类、设置原则、配管方式、配线间的位置、总机房的位置,都需要详细了解。

在详细阅读图纸的基础上,若发现设计图中有不明确、明显错误的地方,在召开"技术交底"的环节(设计单位向施工单位进行技术交底),可以向设计单位提出疑问,并得到解决的方法。

作为施工单位,必然也有一个施工投标文件,里面包括了施工所需的所有材料设备型号、数量、价格以及施工费用,这也是我们进行工程上人、财、机管理的依据。

4. 一定的经济意识

任何一个施工企业,需要在市场经济潮流中拼搏,站稳脚跟并发展壮大,这是非常不容易的。作为施工企业的一员,单位派驻到工程现场的技术和管理人员,也必须时时为企业的经济效益着想。对于施工过程中发生的材料费、人工费、管理费等需要进行严格控制和把关,尽量减少不必要的浪费,以降低施工成本。当然,这个节约是需要在保证施工质量的前提下进行的,严禁偷工减料、以次充好等有损业主方利益、有损本企业形象、有违职业道德的情况发生。在总合同金额不变的情况下,应尽量使施工成本降低,使企业的经济效益得到提高,从而实现甲乙双方的共赢。

(二)项目现场管理组织机构

1. 项目部管理机构

针对工程的项目,施工企业应组织现场项目管理部,负责综合布线系统(智能化系统)工程技术、施工、安装调试的组织和管理。

项目部管理人员包括:总经理、技术负责人、项目经理、施工员、安全员、造价员、质检员、材料员、资料员及设计工程师、调试工程师、各施工班组长等。

如图 7-1 所示为项目部管理结构图。

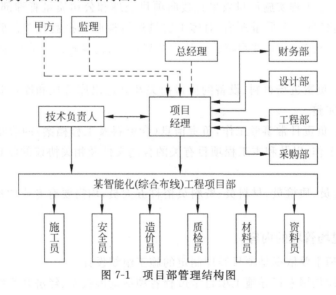

图 7-1　项目部管理结构图

2. 项目部部门职能

作为项目的全权负责机构,项目管理部的职能如下:在深化设计阶段,协调本单位技术部和有关专业配合单位,进行深化设计,并协调有关单位进行设计确认,组织施工图的绘制与出图;在施工阶段,协调和处理本企业与业主、总包、监理、设计院及其他施工专业工程施工配合问题,配合业主与总包组织智能化系统施工协调会,协调管理承包范围内相关专业的内部关系和实施配合,制定智能化(综合布线)系统施工工程管理制度,全面负责弱电各专业的实施质量、安全和进度事宜;在调试阶段,配合业主与总包组织,协调智能化各子系统线路调试和智能化集成系统联机调试;配合业主、总包单位和工程监理,组织弱电各子系统的验收和弱电集成系统的验收。

3. 项目部人员职责

为保证项目部管理职能的有效实施和工作开展,需制定项目部人员工作责任制度。

(1)总经理:全面领导本工程弱电系统的深化设计、施工、调试,督导、检查工程质量、安全、进度等事宜,并配合业主对项目部工作进行强化管理。

(2)技术负责人:负责项目部的技术支持,协调技术部对项目方案的深化设计实施和施工图的规范审核等技术把关工作。

(3)项目经理:监督整个工程项目的实施,对工程项目的实施进度负责;负责协调解决工程项目实施过程中出现的各种问题及领导全面工程的施工工作。该岗位需由具有建造师(分一、二级)执业资格的人士担当项目经理。

(4)施工员:负责工程施工图深化设计、各专业工程施工技术工作,应深入现场指导施工,督促专业施工队遵守技术规范、技术规程和按图施工,发现问题要及时解决;调试工程师负责项目各系统具备调试条件后到竣工验收阶段的系统功能调试工作。

(5)安全员:负责巡视施工现场的安全防范以及库存材料、设备的安全。

(6)造价员:编制工程的材料总计划,包括材料的规格、型号、材质,根据现场设计变更和签证而及时调整预算。编制人员需要有造价员执业资格证,涉及工程造价内容部分需要盖执业资格章。

(7)质检员:对工程实施质量效果直接向项目经理和公司质量管理部汇报。严格履行岗位责任,不放过任何一个质量缺陷,对施工质量进行检验和报监理单位验收,发现质量问题及时查找问题出现的原因,并跟踪验证处理结果,可以越级直接向公司领导报告质量问题和事故。

(8)材料员:负责进场材料、设备的质量把关及其进出库管理和库存管理,保证库存材料、设备的安全、完整。

(9)资料员:负责日常事务工作,负责信息(含资料及工程档案)的收集、整理、归档、借阅等方面的管理工作,以及和本工程项目有关的合同文件及相关协议的收集、整理、归档、借阅等管理工作。

施工员、安全员、质检员、材料员、资料员俗称五大员,均需要有专业的执业资格证书,要持证上岗。

(三)项目现场管理的内容

项目现场管理主要依据是项目经理制定的施工组织设计。

施工组织设计是用来指导施工项目全过程各项活动的技术、经济和组织的综合性文件,是施工技术与施工项目管理有机结合的产物,它是工程开工后施工活动能有序、高效、科学合理地进行的保证。

施工组织设计一般包括四项基本内容:①施工方法与相应的技术组织措施,即施工方案。②施工进度计划。③施工现场平面布置。④有关劳力,施工机具,建筑安装材料,施工用水、电、动力及运输、仓储设施等暂设工程的需要量及其供应与解决办法。前两项指导施工,后两项则是施工准备的依据。

施工组织设计的繁简,一般要根据工程规模大小、结构特点、技术复杂程度和施工条件的不同而定,以满足不同的实际需要。复杂和特殊工程的施工组织设计需较为详尽,小型建设项目或具有较丰富施工经验的工程则可较为简略。施工组织总设计是为解决整个建设项目施工的全局问题的,要求简明扼要,重点突出,要安排好主体工程、辅助工程和公用工程的相互衔接和配套。单位工程的施工组织设计是为具体指导施工服务的,要具体明确,要解决好各工序、各工种之间的衔接配合,合理组织平行流水和交叉作业,以提高施工效率。施工条件发生变化时,施工组织设计须及时修改和补充,以便继续执行。施工组织设计的内容要结合工程对象的实际特点、施工条件和技术水平进行综合考虑。

一个完整的智能化工程施工组织需要很多方面内容(如劳动力管理、材料管理、机械管理、进度管理、质量管理、文档管理等)受本教材篇幅限制,不一一展开细述。下面仅针对综合布线工程所涉及的相关施工组织内容进行说明,以供同学们学习和了解。

1. 施工前期准备

(1)施工单位组建综合布线工程施工项目部,确定施工现场的管理和组织机构,并配备满足需要的人力和物资资源。

(2)组织施工项目部人员进行现场勘察和进场施工准备。项目经理与现场相关单位人员(业主、监理、总包等)会晤,并组织项目部人员勘察工地现场,了解其他相关专业的进度,根据现场情况编制翔实的分项施工进度计划。同时安排现场库房和办公地点,进行进场前施工人员安全、成品保护等教育,组织人员进驻现场准备施工。

(3)在预定时间内,完成施工图深化设计,按照相关国家标准及规范,在与设计单位、业主等方面配合指导下,更进一步地满足工程实际需求,做好施工图纸深化工作。同时列出布线点位的数量增减对照表,并提请监理、业主进行确认。

(4)系统设备订货。根据深化设计结果,确定系统设备需求,按需订货。

(5)综合布线为智能化系统的基础系统,很可能成为其他弱电子系统的传输网络,需要与其他各个子系统涉及的设备生产、安装厂家进行接洽,做好技术配合与协调。要求相关各子系统提出信息点位、网络线缆的等级(超 5 类还是 6 类)、屏蔽还是非屏蔽等要求,来满足各子系统对综合布线的要求。

(6)在进行以上工作的同时,根据本工程特点确定协作单位的配合要求。

2. 现场管线施工

(1)项目部人员根据不同的职责分工,配合处理施工过程中有关的专业协调、过程和最终施工质量检验、工程报验、技术、安全、进度控制等各类事宜。

(2)在确保质量、安全、进度的前提下,配合土建和装修进度按照预期时间完成综合布线管线和线槽的预埋和系统穿线的施工。

(3)水平线缆敷设时,需要在两端进行编号标示,便于用户终端模块与配线架模块的一一对应。同时也作为将来竣工资料信息点的编号依据。

3. 管线安装和接线

(1)根据施工企业关键过程质量控制要求和现场装修、安装的进度,在作好线槽(桥架)的安装和线路检测的前提下,开始综合布线接线工作,并在计划时间内完成各系统现场管线安装和接线,以免影响装修等专业的进度要求。

（2）水平线缆、垂直主干布放到位后可在配线架和主机房进行配线架模块的端接和主干光缆的熔接。

（3）随时关注室内装修的进度,用户终端面板模块的端接需要在室内墙壁进行最后一遍粉刷之前完成,以便模块面板端接完成后对墙面造成的轻微破损、污染可以由装修油漆工进行修整。

4. 链路自检

在用户区模块、配线架打接完成后,可进行链路的自检。

采用专用测试仪进行每个点位的测试,若不通过,则根据错误报告类型进行整改。

所有的信息点必须进行百分之百的自检,确保每个点位链路都能通过相应的测试。由于正式竣工验收对综合布线点位是进行抽检的,现在的全部自检是为了给用户提供每个信息点都能正常工作的效果。

5. 系统验收

在完成以上各项工作后,根据设计方案和专业检验标准的要求,在完成自检并达到质量合格的目标的前提下,提请有关单位对系统进行验收。

6. 综合布线系统工程检验项目及内容(见表 7-1)

表 7-1　综合布线系统工程检验项目及内容

阶　　段	验 收 项 目	验 收 内 容	验 收 方 式
一、施工前检查	(1) 环境要求	(1) 土建施工情况：地面、墙面、门、电源插座及接地装置 (2) 土建工艺：机房面积、预留孔洞 (3) 施工电源；地板敷设	施工前检查
	(2) 器材检验	(1) 外观检查 (2) 形式、规格、数量 (3) 电缆电气性能测试 (4) 光纤特性测试	施工前检查
	(3) 安全、防火要求	(1) 消防器材 (2) 危险物的堆放 (3) 预留孔洞防火措施	施工前检查
二、设备安装	(1) 交接间、设备间、设备机柜、机架	(1) 规格外观 (2) 安装垂直、水平度 (3) 油漆不得脱落,标志完整齐全 (4) 各种螺丝必须紧固 (5) 抗震加固措施 (6) 接地措施	随工检验
	(2) 配线部件及 8 位模块式通用插座	(1) 规格、位置、质量 (2) 各种螺丝必须紧固 (3) 标志齐全 (4) 安装符合工艺要求 (5) 屏蔽层可靠连接	随工检验

续表

阶　　段	验收项目	验收内容	验收方式
三、电、光缆布放（楼内）	（1）桥架及线槽布放	（1）安装位置正确 （2）安装符合工艺要求 （3）符合布放线缆工艺要求 （4）接地	随工检查
	（2）缆线暗敷（包括暗管、线槽、地板等方式）	（1）线缆规格、路由、位置 （2）符合布放线缆工艺要求 （3）接地	隐蔽工程签证
四、电、光缆布放（楼间）	（1）架空缆线	（1）吊顶规格、架设位置、装设规格 （2）吊顶垂度 （3）缆线规格 （4）卡、挂间隔 （5）缆线的引入符合工艺要求	随工检查
	（2）管道缆线	（1）使用管孔孔位 （2）缆线规格 （3）缆线走向 （4）缆线防护设施的设置质量	隐蔽工程签证
	（3）埋式缆线	（1）缆线规格 （2）敷设位置、深度 （3）缆线防护设施的设置质量 （4）回土夯实质量	隐蔽工程签证
	（4）隧道缆线	（1）缆线规格 （2）安装位置、路由 （3）土建设计符合工艺要求	隐蔽工程签证
	（5）其他	（1）通信线路与其他设施间距 （2）进线室安装、施工质量	随工检查或隐蔽工程签证
五、缆线终接	（1）8位模块式通用插座	符合工艺要求	随工检查
	（2）配线部件	符合工艺要求	
	（3）光纤插座	符合工艺要求	
	（4）各类跳线	符合工艺要求	
六、系统测试	（1）工程电气性能测试	（1）连接图 （2）长度 （3）衰减 （4）近端串扰（两端都应测试） （5）设计特殊规定的测试内容	竣工检查
	（2）光纤特性测试	（1）衰减 （2）长度	竣工检验
七、工程总验收	（1）竣工技术文件	清点、交接技术文件	竣工检查
	（2）工程验收评价	考核工程质量、确认验收结果	

【注意】　系统测试内容的验收亦可在施工中进行检验。

7. 系统验收应准备的技术文件

工程说明:含系统选型论证、规模容量、功能说明及各项技术指标;招标文件、投标文件、中标通知书、合同等。

竣工图(可在原设计图纸基础上根据现场施工实际改绘),包括:系统图、系统布线及路由图、机房设备布置图、设备端子板接线图。

安装设备(软、硬件)清单及设备产品说明书、使用手册。

其他文件:包括供货合同及工程合同、出厂测试报告及开箱验收记录、工程测试记录、系统试运行记录、工程设计变更单、重大工程质量事故报告表。

一份完整的智能化项目(包括综合布线工程)竣工文件包含如表 7-2 所示。

表 7-2　一份完整的智能化项目竣工文件

序号	文件标题名称	份数	备注
一、			
1	工程概述	1	
2	中标通知书	1	
3	招标文件	1	
4	投标文件	1	
5	合同	1	
6	开工报告	1	
7	施工组织设计方案报审表	1	
8	单位、人员资质报审表	1	
9	工程材料报审表	13	
10	重大工程质量事故报告	1	
11	分部工程验收验申请报告	1	
12	图纸会审纪要、设计变更、工程联系单	6	
13	分部工程验收验报告、第三方检测报告	2	
二、			
1	隐蔽工程报审表(电线、电缆导管)	23	
2	隐蔽工程报审表(电线、电缆穿管和线槽敷线)	37	
3	智能建筑分部工程验收记录	1	
4	智能建筑各子分部工程验收记录	7	
5	综合布线系统分项工程报审表	4	
6	公共广播系统分项工程报审表	4	
7	计算机网络系统分项工程报审表	5	
8	应用软件系统分项工程报审表	4	
9	空调与通风系统监控分项工程报审表	3	
10	变配电系统监控分项报审表	2	
11	公共照明系统监控分项报审表	1	
12	给排水系统监控分项报审表	1	
13	建筑设备监控系统与子系统数据接口分项报审表	1	
14	建筑设备监控系统实时性、可维性、可靠性分项报审表	1	
15	建筑设备监控系统设备安装及检测分项报审表	3	
16	视频安防监控系统分项工程报审表	4	

序号	文件标题名称	份数	备注
17	入侵报警系统分项工程报审表	3	
18	安全防范综合管理系统子分部工程报审表	1	
19	安全防范综合综合防范功能系统分项工程报审表	4	
20	综合布线系统系统子分项工程报审表	5	
21	综合布线系统系统性能检测分项工程报审表	1	
22	系统集成网络连接分项工程报审表	1	
23	系统集成可维护性和安全性分项工程报审表	1	
24	电源系统分项工程报审表	1	
25	防雷接地系统分项工程报审表	8	

四、实践操作

调研自己身边的教学楼或办公楼的智能化系统工程的施工和竣工验收情况。

(一) 对建设目标的了解

了解该大楼综合布线系统原始设计情况,有多少个综合布线点位,机房、配线间设在何处,采用什么样的双绞线铜缆和光缆,垂直、水平走线形式,设有多少套布线网络。

(二) 综合布线项目施工企业情况

调研该大楼由哪家智能化施工企业承接施工的,什么资质,项目班组组成情况如何。通过对施工企业情况的了解,使学生了解建设工程施工市场的准入制度及执业资格制度。

(三) 工程验收

查阅本大楼综合布线工程(智能化工程)的工程验收检测报告,熟悉综合布线工程需要检测的几个常用指标。可选取大楼内的几个点位,利用布线测试仪进行测试,并评判该点位链路测试指标的好坏。

(四) 竣工资料情况

查阅本大楼综合布线工程(智能化工程)的竣工资料文档,对比分析原设计图和竣工图,了解该大楼综合布线工程变更情况。工程变更涉及企业经济利益的变化,学生需带有为企业创利的思想。

【项目小结】

模块 1 介绍了综合布线工程(智能化工程)作为整个建设工程项目的一部分。参与招投标工作是施工企业开展经营活动的第一步,如何在招投标工作中展示企业自身的实力并脱颖而出并成为中标单位,是需要企业从业技术人员花心思并且不断积累经验的一个过程,同时也是技术人员体现自身价值的一个途径。

模块 2 是在招投标阶段之后进入项目现场管理环节,介绍了工程施工现场需要与之配合和协调的参与各方,了解施工企业项目管理机构的组成情况,以及如何管理和组织施工队伍去进行施工;最后是竣工资料和验收环节。

通过本项目的学习,可以使同学们了解整个综合布线工程(智能化工程)的建设流程,对今后踏上工作岗位的实践具有非常好的指导意义。

【复习思考题】

一、填空题

1. 建设工程从时间流程上一般为：_____、_____、_____、_____四个阶段。

2. 招标方式来看可分为公开招标、_____、_____三种方式。

3. 综合布线工程投标文件一般由_____、_____两部分组成，或有一个单独的资信标。

4. 项目部管理机构中的五大员是指_____、_____、_____、_____、_____。

二、选择题

1. 公开招标目前分为资格预审和（　　）。

    A. 资格后审　　　　B. 邀请招标　　　　C. 议标　　　　D. 竞争性谈判

2. 综合布线工程招投标活动中参与单位一般有（　　）、投标人、代理机构、建设工程主管部门等。

    A. 第三方审计　　　B. 纪委监察机构　　C. 招标人　　　D. 产品供货商

3. 综合布线工程投标文件中技术标一般包括施工进度计划、质量目标、（　　）、售后服务及保修措施等。

    A. 投标函　　　　　B. 投标一览表　　　C. 投标保证金　　D. 施工组织

4. 与综合布线工程验收相关的国家标准是（　　）。

    A. 智能建筑工程质量验收规范　　　　B. 建筑电气工程施工质量验收规范

    C. 综合布线系统工程设计规范　　　　D. 综合布线系统工程验收规范

5. 综合布线工程竣工资料包括：工程说明、设备清单、（　　）、供货合同及工程合同、出厂测试报告及开箱验收记录、工程测试记录、系统试运行记录等。

    A. 竣工图　　　　　　　　　　　　　B. 售后服务记录

    C. 综合布线测试仪　　　　　　　　　D. 备品备件

三、简答题

1. 建设工程承包为什么要实施招投标方式？

2. 综合布线工程的验收检测包含哪些内容？